# 职场笔记本

30条管理学定律+30条职场黄金律

CRAFTSMEN, TALENTS,
& VISIONARIES.

# 30条管理学定律

**【蝴蝶效应】**

上个世纪70年代，美国一个名叫洛伦兹的气象学家在解释空气系统理论时说，亚马逊雨林一只蝴蝶翅膀偶尔振动，也许两周后就会引起美国得克萨斯州的一场龙卷风。

**【青蛙现象】**

把一只青蛙直接放进热水锅里，由于它对不良环境的反应十分敏感，就会迅速跳出锅外。如果把一个青蛙放进冷水锅里，慢慢地加温，青蛙并不会立即跳出锅外，水温逐渐提高的最终结局是青蛙被煮死了，因为等水温高到青蛙无法忍受时，它已经来不及、或者说是没有能力跳出锅外了。

**【鳄鱼法则】**

其原意是假定一只鳄鱼咬住你的脚，如果你用手去试图挣脱你的脚，鳄鱼便会同时咬住你的脚与手。你愈挣扎，就被咬住得越多。所以，万一鳄鱼咬住你的脚，你唯一的办法就是牺牲一只脚。

**【鲇鱼效应】**

从前沙丁鱼在运输过程中成活率很低。后有人发现，若在沙丁鱼中放一条鲇鱼，情况却有所改观，成活率会大大提高。这是何故呢？原来鲇鱼在到了一个陌生的环境后，就会“性情急躁”，四处乱游，这对于大量好静的沙丁鱼来说，无疑起到了搅拌作用；而沙丁鱼发现多了这样一个“异己分子”，自然也很紧张，加速游动。这样沙丁鱼缺氧的问题就迎刃而解了，沙丁鱼也就不会死了。

**【羊群效应】**

在一群羊前面横放一根木棍，第一只羊跳了过去，第二只、第三只也会跟着跳过去；这时，把那根棍子撤走，后面的羊，走到这里，仍然像前面的羊一样，向上跳一下，尽管拦路的棍子已经不在了，这就是所谓的“羊群效应”，也称“从众心理”。“羊群效应”是由个人理性行为导致的集体非理性行为。

**【刺猬法则】**

两只困倦的刺猬，由于寒冷而拥在一起。可因为各自身上都长着刺，于是它们离开了一段距离，但又冷得受不了，于是凑到一起。几经折腾，两只刺猬终于找到一个合适的距离：既能互相获得对方的温暖而又不至于被扎。

## 【手表定律】

手表定律是指一个人有一块表时，可以知道现在是几点钟，而当他同时拥有两块时却无法确定。两块表并不能告诉一个人更准确的时间，反而会使看表的人失去对准确时间的信心。在企业管理方面，对同一个人或同一个组织不能同时采用两种不同的方法，不能同时设置两个不同的目标，甚至每一个人不能由两个人来同时指挥，否则将使这个企业或者个人无所适从。

## 【破窗理论】

房子如果窗户破了，没有人去修补，隔不久，其他的窗户也会莫名其妙地被人打破；一面墙，如果出现一些涂鸦没有被清洗掉，很快，墙上就布满了乱七八糟、不堪入目的东西；一个很干净的地方，人们不好意思丢垃圾，但是一旦地上有垃圾出现之后，人就会毫不犹疑地丢垃圾，丝毫不觉羞愧。

## 【二八定律】

二八定律（巴莱多定律）：19世纪末20世纪初意大利的经济学家巴莱多认为，在任何一组东西中，最重要的只占其中一小部分，约20%，其余80%尽管是多数，却是次要的。社会约80%的财富集中在20%的人手里，而80%的人只拥有20%的社会财富。这种统计的不平衡性在社会、经济及生活中无处不在，这就是二八法则。

## 【木桶理论】

也称水桶原理、短板理论，或水桶短板管理理论，所谓“水桶理论”也即“水桶定律”，其核心内容为：一只水桶盛水的多少，并不取决于桶壁上最高的那块木块，而恰恰取决于桶壁上最短的那块。

## 【马太效应】

《圣经·马太福音》中有一句名言：“凡有的，还要加给他，叫他有余；没有的，连他所有的，也要夺过来。”马太效应指强者愈强、弱者愈弱的现象，与“二八定则”有相类之处，是十分重要的自然法则。

## 【鸟笼逻辑】

挂一个漂亮的鸟笼在房间里最显眼的地方，过不了几天，主人一定会做出下面两个选择之一：把鸟笼扔掉，或者买一只鸟回来放在鸟笼里。这就是鸟笼逻辑。过程很简单，设想你是这房间的主人，只要有人走进房间，看到鸟笼，就会忍不住问你："鸟呢？是不是死了？"当你回答："我从来都没有养过鸟。"人们会问："那么，你要一个鸟笼干什么？"最后你不得不在两个选择中二选一，因为这比无休止的解释要容易得多。

## 【责任分散效应】

1964年3月13日夜3时20分，在美国纽约郊外某公寓前，一位叫朱诺比白的年轻女子在结束酒吧间工作后回家的路上遇刺。当她绝望地喊叫："有人要杀人啦!救命!救命!"听到喊叫声，附近住户亮起了灯，打开了窗户，凶手吓跑了。当一切恢复平静后，凶手又返回作案。当她又叫喊时，附近的住户又打开了电灯，凶手又逃跑了。当她认为已经无事，回到自己家上楼时，凶手又一次出现在她面前，将她杀死在楼梯上。在这个过程中，尽管她大声呼救，她的邻居中至少有38位到窗前观看，但无一人来救她，甚至无一人打电话报警。这件事引起纽约社会的轰动，也引起了社会心理学工作者的重视和思考。人们把这种众多的旁观者见死不救的现象称为责任分散效应。

对于责任分散效应形成的原因，心理学家进行了大量的实验和调查，结果发现：这种现象不能仅仅说是众人的冷酷无情，或道德日益沦丧的表现。因为在不同的场合，人们的援助行为确实是不同的。当某人遇到紧急情境时，如果只有一个人能提供帮助，他会清醒地意识到自己的责任，对受难者给予帮助。因为如果他见死不救会产生罪恶感、内疚感，这需要付出很高的心理代价。而如果有许多人在场的话，帮助求助者的责任就由大家来分担，造成责任分散，每个人分担的责任很少，旁观者甚至可能连自己的那一份责任都意识不到，从而产生一种“我不去救，由别人去救”的心理，造成“集体冷漠”的局面。如何打破这种局面，这是心理学家正在研究的一个重要课题。

## 【帕金森定律】

英国著名历史学家诺斯古德·帕金森通过长期调查研究，写出一本名叫《帕金森定律》的书。他在书中阐述了机构人员膨胀的原因及后果：一个不称职的官员，可能有三条出路，第一是申请退职，把位子让给能干的人；第二是让一位能干的人来协助自己工作；第三是任用两个水平比自己更低的人当助手。第一条路是万万走不得的，因为那样会失去许多权利；第二条路也不能走，因为那个能干的人会成为自己的对手；看来只有第三条路最适宜。于是，两个平庸的助手分担了他的工作，他自己则高高在上发号施令，他们不会对自己的权利构成威胁。两个助手既然无能，他们就上行下效，再为自己找两个更加无能的助手。如此类推，就形成了一个机构臃肿，人浮于事，相互扯皮，效率低下的领导体系。

## 【晕轮效应】

俄国著名的大文豪普希金曾因晕轮效应的作用吃了大苦头。他狂热地爱上了被称为“莫斯科第一美人”的娜坦丽，并且和她结了婚。娜坦丽容貌惊人，但与普希金志不同道不合。当普希金每次把写好的诗读给她听时。她总是捂着耳朵说：“不要听！不要听！”相反，她总是要普希金陪她游乐，出席一些豪华的晚会、舞会，普希金为此丢下创作，弄得债台高筑，最后还为她决斗而死，使一颗文学巨星过早地陨落。在普希金看来，一个漂亮的女人也必然有非凡的智慧和高贵的品格，然而事实并非如此，这种现象被称为晕轮效应。

所谓晕轮效应，就是在人际交往中，人身上表现出的某一方面的特征，掩盖了其他特征，从而造成人际认知的障碍。在日常生活中，"晕轮效应"往往在悄悄地影响着我们对别人的认知和评价。

## 【霍桑效应】

心理学上的一种实验者效应。20世纪20~30年代，美国研究人员在芝加哥西方电力公司霍桑工厂进行的工作条件、社会因素和生产效益关系实验中发现了实验者效应，称霍桑效应。实验的第一阶段是从1924年11月开始的，研究工作条件和生产效益的关系，设为实验组和控制组。结果不管增加或控制照明度，实验组产量都上升，而且照明度不变的控制组产量也增加。另外，又试验了工资报酬、工间休息时间、每日工作长度和每周工作天数等因素，也看不出这些工作条件对生产效益有何直接影响。第二阶段的试验是由美国哈佛大学教授梅奥领导的，着重研究社会因素与生产效率的关系，结果发现生产效率的提高主要是由于被实验者在精神方面发生了巨大的变化。参加试验的工人被置于专门的实验室并由研究人员领导，其社会状况发生了变化，受到各方面的关注，从而形成了参与试验的感觉，觉得自己是公司中重要的一部分，从而使工人从社会角度方面被激励，促进产量上升。

这个效应告诉我们，当同事或自己受到公众的关注或注视时，学习和交往的效率就会大大增加。因此，我们在日常生活中要学会与他人友好相处，明白什么样的行为才是同事和老板所接受和赞赏的，我们只有在生活和学习中不断地增加自己的良好行为，才可能受到更多人的关注和赞赏，也才可能让我们的学习不断进步，充满自信!

## 【习得性无助实验】

很多实验表明，经过训练，狗可以越过屏障或从事其他的行为来逃避实验者加于它的电击。但是，如果狗以前受到过不可预期（不知道什么时候到来）且不可控制的电击（如电击的中断与否不依赖于狗的行为），当狗后来有机会逃离电击时，它们也变得无力逃离。而且，狗还表现出其他方面的缺陷，如感到沮丧和压抑，主动性降低等等。

## 【证人的记忆】

证人，在我们的认识里，通常都是提供一些客观证据的人，就是把自己亲眼看到、亲耳听到的东西如实地讲出来的人。然而，心理学研究证明，很多证人提供的证词都不太准确，或者说是具有个人倾向性，带着个人的观点和意识。

心理学家珀费可特和豪林斯决定对这一结论进行更深入的研究。为了考察证人的证词是否有特别的东西，他们将证人的记忆与对一般知识的记忆进行了比较。

他们发现，在证人回忆的精确性上，那些对自己的回答信心十足的人实际上并不比那些没信心的人更高明，但对于一般知识来说，情况就不是这样，信心高的人的回忆成绩比信心不足的人好得多。

## 【罗森塔尔效应】

美国心理学家罗森塔尔等人于1968年做过一个著名实验。他们到一所小学，在一至六年级各选三个班，对这些儿童进行煞有介事的“预测未来发展的测验”，然后实验者将认为有“优异发展可能”的学生名单通知教师。其实，这个名单并不是根据测验结果确定的，而是随机抽取的。它是以“权威性的谎言”暗示教师，从而调动了教师对名单上的学生的某种期待心理。8个月后，再次智能测验的结果显示，名单上的学生的成绩普遍提高，教师也给了他们良好的品行评语。这个实验取得了奇迹般的效果，人们把这种通过教师对学生心理的潜移默化的影响，从而使学生取得教师所期望的进步的现象，称为“罗森塔尔效应”。

## 【虚假同感偏差】

我们通常都会相信，我们的爱好与大多数人是一样的。如果你喜欢玩电脑游戏，那么就有可能高估喜欢电脑游戏的人数。你也通常会高估给自己喜欢的同事投票的人数，高估自己在群体中的威信与领导能力等等。这种高估与你的行为及态度有相同特点的人数的倾向性就叫做“虚假同感偏差”。有些因素会影响你的这种虚假同感偏差强度：当外部的归因强于内部归因时；当前的行为或事件对某人非常重要时；当你对自己的观点非常确定或坚信时；当你的地位或正常生活和学习受到某种威胁时；当涉及到某种积极的品质或个性时；当你将其他人看成与自己是相似时，等等。

## 【彼得原理】

每个组织都是由各种不同的职位、等级或阶层的排列所组成，每个人都隶属于其中的某个等级。彼得原理是美国学者劳斯·彼得在对组织中人员晋升的相关现象研究后，得出的一个结论：在各种组织中,雇员总是趋向于晋升到其不称职的地位。彼得原理有时也被称为向上爬的原理。

这种现象在现实生活中无处不在：一名称职的教授被提升为大学校长后，却无法胜任；一个优秀的运动员被提升为主管体育的官员，而无所作为。对一个组织而言，一旦相当部分的人被推到其不称职的级别，就会造成组织的人浮于事，效率低下，导致平庸者出人头地，发展停滞。因此，这就要求改变仅根据贡献决定晋升企业员工的晋升机制，不能因某人在某个岗位上干得很出色，就推断此人一定能够胜任更高一级的职务。将一名职工晋升到一个无法很好发挥才能的岗位，不仅不是对本人的奖励，反而使其无法很好发挥才能，也给企业带来损失。

## 【酒与污水定律】

酒与污水定律是指把一匙酒倒进一桶污水，得到的是一桶污水；如果把一匙污水倒进一桶酒，得到的还是一桶污水。在任何组织里，几乎都存在几个难弄的人物，他们存在的目的似乎就是为了把事情搞糟。最糟糕的是，他们像果箱里的烂苹果，如果不及时处理，它会迅速传染，把果箱里其他苹果也弄烂。

烂苹果的可怕之处，在于它那惊人的破坏力。一个正直能干的人进入一个混乱的部门可能会被吞没，而一个无德无才者能很快将一个高效的部门变成一盘散沙。组织系统往往是脆弱的，是建立在相互理解、妥协和容忍的基础上的，很容易被侵害、被毒化。破坏者能力非凡的另一个重要原因在于，破坏总比建设容易。一个能工巧匠花费时日精心制作的陶瓷器，一头驴子一秒钟就能毁坏掉。如果一个组织里有这样的一头驴子，即使拥有再多的能工巧匠，也不会有多少像样的工作成果。如果你的组织里有这样的一头驴子，你应该马上把它清除掉，如果你无力这样做，就应该把它拴起来。

## 【零和游戏原理】

零和游戏是指在一项游戏中，游戏者有输有赢，一方所赢正是另一方所输，游戏的总成绩永远为零，零和游戏原理之所以广受关注，主要是因为人们在社会的方方面面都能发现与零和游戏类似的局面，胜利者的光荣后面往往隐藏着失败者的辛酸和苦涩。

20世纪，人类经历两次世界大战、经济高速增长，科技进步、全球一体化以及日益严重的环境污染，零和游戏观念正逐渐被双赢观念所取代。人们开始认识到利己不一定要建立在损人的基础上。通过有效合作，皆大欢喜的结局是可能出现的。但从零和游戏走向双赢，要求各方面要有真诚合作的精神和勇气，在合作中不要小聪明，不要总想占别人的小便宜，要遵守游戏规则，否则双赢的局面就不可能出现，最终吃亏的还是合作者自己。

## 【华盛顿合作规律】

华盛顿合作规律说的是一个人敷衍了事，两个人互相推诿，三个人则永无成事之日。多少有点类似于我们三个和尚的故事。人与人的合作，不是人力的简单相加，而是要复杂和微妙得多。在这种合作中，假定每个人的能力都为1，那么，10个人的合作结果有时比10大得多，有时，甚至比1还要小。因为人不是静止物，而更像方向各异的能量，相互推动时，自然事半功倍，相互抵触时，则一事无成。

## 【不值得定律】

不值得定律反映人们的一种心理，一个人如果从事的是一份自认为不值得做的事情，往往会保持冷嘲热讽，敷衍了事的态度，不仅成功率低，而且即使成功，也不觉得有多大的成就感。因此，对个人来说，应在多种可供选择的奋斗目标及价值观中挑选一种，然后为之奋斗。

## 【蘑菇管理】

蘑菇管理是许多组织对待初出茅庐者的一种管理方法，初学者被置于阴暗的角落（不受重视的部门，或打杂跑腿的工作），浇上一头大粪（无端的批评、指责、代人受过），任其自生自灭（得不到必要的指导和提携）。职场很多人都有过这样一段当蘑菇的经历，这是每个刚入社会的年轻人必须面对的课题。

## 【奥卡姆剃刀定律】

12世纪，英国奥卡姆的威廉主张唯名论，只承认确实存在的东西，认为那些空洞无物的普遍性概念都是无用的累赘，应当被无情地剔除。他主张如无必要，勿增实体。这就是常说的奥卡姆剃刀。这把剃刀曾使很多人感到威胁，被认为是异端邪说，威廉本人也因此受到迫害。

然而，这一切并未损害这把刀的锋利，相反，经过数百年的岁月，奥卡姆剃刀已被历史磨得越来越快，并早已超越原来狭窄的领域，而具有广泛、丰富、深刻的意义。奥卡姆剃刀定律在企业管理中可进一步演化为简单与复杂定律：把事情变复杂很简单，把事情变简单很复杂。这个定律要求，我们在处理事情时，要把握事情的主要实质，把握主流，解决最根本的问题，尤其要顺应自然，不要把事情人为地复杂化，这样才能把事情处理好。

## 【海格力斯效应】

希腊神话故事中有位英雄大力士，叫海格力斯，一天，他走在坎坷不平的路上，看见脚边有个像鼓起的袋子一样的东西，很难看，海格力斯便踩了那东西一脚。谁知那东西不但没被海格力斯一脚踩破，反而膨胀起来，并成倍成倍地加大，这激怒了英雄海格力斯。他顺手操起一根碗口粗的木棒砸那个怪东西，好家伙，那东西竟膨胀到把路也堵死了。海格力斯奈何不了他，正在纳闷，一位圣者走到海格力斯跟前对他说："朋友．快别动它了，忘了它，离它远去吧。它叫仇恨袋，你不惹它，它便会小如当初；你若侵犯它，它就会膨胀起来与你敌对到底。"

仇恨正如海格力斯所遇到的这个袋子，开始很小，如果你忽略它，矛盾化解，它会自然消失；如果你与它过不去，加恨于它，它会加倍地报复。

## 【霍布森选择效应】

1631年，英国剑桥商人霍布森贩马时，把马匹放出来供顾客挑选，但附加上一个条件，即只许挑最靠近门边的那匹马。显然，加上这个条件实际上就等于不让挑选。对这种无选择余地的所谓"选择"，后人讥讽为"霍布森选择效应"。管理学家西蒙，把这种没有选择余地的所谓"选择"讥讽为"霍布森选择"。"霍布森选择"是一个小选择、是一个假选择，大同小异的选择就是假选择。

## 【超限效应】

超限效应是指刺激过多、过强或作用时间过久，从而引起心理极不耐烦或逆反的心理现象。美国作家马克·吐温听牧师演讲时，最初感觉牧师讲得好，打算捐些款；10分钟后，牧师还没讲完，他不耐烦了，决定只捐些零钱；又过了10分钟，牧师还没有讲完，他决定不捐了。在牧师终于结束演讲开始募捐时，过于气愤的马克·吐温不仅分文未捐，还从盘子里偷了2元钱。这种由于刺激过多过强或作用时间过久，而引起逆反心理的现象，就是“超限效应”。

# 30条职场黄金律

1 应聘者就必须想办法降低这种难度，好让自己更容易接近工作。用有技术含量的话来说，降低大数据的数量级，用没有技术含量的话来说，往自己身上多贴点标签，让用人方一看就明白。

（选取自本书第7页）

2 你是“人手”不是“人才”，你目前只能给公司增加支出，不能产生效益。人手阶段，你只要有比较强的执行力，就算一个不错的员工了，很多时候，就这一个要求就把很多人挡在了门槛外面。

（选取自本书第12页）

3 从产品的角度来说，人手是大众版，人才是升级版，人物是限量版。而且很多求职的人很可能一辈子就停留在人手的阶段，难以向上攀登。

（选取自本书第12页）

4 如果没有意外，入职时工资一万的人，过上五年，还是会比入职时工资五千的人收入高。而意外事件的出现，给了我们一个弯道超车的机会，如果你抓不住这个机会，可能机会下次出现恐怕要等五年。

（选取自本书第22页）

5 你应该知道自己可能无法在五年之后还保持足够的勇气。一定要表现出野心和雄心，即使不去努力争取眼前的机会，也一定要随时做好准备。

（选取自本书第22页）

6 天上掉下来的馅饼肯定不好吞下肚，因为那种好事轮不到你我，可是如果连张开嘴的勇气都没有，那就不要埋怨命运不公了。请混迹于公司中和你一样的人中间，讨论一下昨晚的电视剧，传一传小道消息就好了，不要在别人加薪升职的时候感到不平，因为那是你主动放弃的。

（选取自本书第22页）

7 请相信大部分领导的智商，如果你有能力和潜力给他挣钱，你一定会进入他的视野。

（选取自本书第23页）

8 在一个真正的人物眼中，看到的应该是未来和远方，是非毁誉都是清风过耳，“他强任他强，清风抚山冈，他横由他横，明月照大江。”

（选取自本书第41页）

9 你所谓的稳定，可能是在浪费生命。人最困难的，就是主动跳出自己的舒适区，去寻找更高的挑战。一个人做事情的方式，如果没有遭到重大挫折就不会改变，在这种情况下，要不就一直这样混下去，要不就等待一个你无法应付的危机。所以当危机还未到来之前，当别人还没意识到人力资本投资的重要性之前，你一定要首先开始。

（选取自本书第56页）

10 每一个成功的职场人都勇于推销自己，你的勇气和你的知识、能力一样，是你最宝贵的财富，勇气这种东西比其他好东西更为稀缺，所以也更为珍贵，有时候很多人甚至不敢想象自己拥有它。

（选取自本书第62页）

11 职场是一个很磨炼人的地方，也是一个让人经历很多痛苦的地方，这是不以人的意志为转移的。在职场中，不管你是泯然众人，还是突围而出，都会经历很多磨难和考验，这些磨难和考验不是阻碍你、毁灭你，就是成就你，让你涅槃重生。

（选取自本书第81页）

12 职业生涯占据成年人最重要的人生阶段，它承载着我们的梦想和眼下生活的质量。刚入职那几年是非常重要的阶段，也是最关键的方向性的几步，走对了，就是一条不断有挑战、不断有激情的光荣之旅；走错了，就自此消声匿迹于90%的人群中。

（选取自本书第118页）

13 要把成功的渴望保持在沸点，而且要把全部努力投入到实现目标的过程之中。信念的力量驱动着我们的肉身，让藏在内心深处的潜能拯救自己，它教导人们，起点在哪里不重要，朝哪个方向走才重要，并最终能带来真正富足的人生。

（选取自本书第121页）

14 调整心态，客观分析自己。必须要理智、冷静、客观地审视自己，审视所从事的工作和自身的心理状态，看自己的个性是否与从事的职业搭配，把搭配的地方，和不搭配的地方用笔写下来，一一对照；再将不搭配的地方进行纯理性的分析，找出不搭配的深层原因。

（选取自本书第152页）

15 分析利弊，扬长处、避短处。一定要找到自己感兴趣的“点”，让自己的工作和兴趣有交叉点，同时把自己过去积累的知识和经验梳理一下，重新激活自己潜在的能力。

（选取自本书第152页）

16 确定自己目前的位置，不要再蹉跎。通过职业规划、经济价值以及就业机会三大问题找出你最佳的定位和最能胜任的职位。一定要认清自己内心深处的想法，学会调整自己的心态和与别人沟通的技巧，在属于你的新阶段中努力抓住对于你来说最重要也最想要的东西，绝对不要一遇见困难就放弃，坚持就能看到成效。

（选取自本书第152页）

17 很多细枝末节的事情，一个人就能够完成，或者说，随便一个人就能够完成，但是不同的人，做出来的效果也是不一样的。这时，就能体现出来人与人的不同之处了。而往往恰恰就是这些细节上的不同，决定着工作完成时的质量。

（选取自本书第159页）

18 人才永远都是一家公司在不断发展时的中坚力量，人才的能力和做事方式，对这个公司在大体上的样子都起着至关重要的作用。每个人才的思想境界，知识水平，责任担当和工作能力，都对整个公司的运作起着非常大的作用。

（选取自本书第161页）

19 抓细节，是一种长期的储备，能让人在不知道什么时候就获得意想不到的机会。抓细节也应该成为一种习惯，在积累的过程中不但锻炼自己，也提高了自己的审美观、价值观等等，是眼光，是智慧。只有保证在细节中摸索，才能注意到问题的细节，才能思考细节的问题，才能真正地把工作做好。总之，切莫为了细节而细节，而要提高自身，过去看不到细节，自身能力提高后，也就能看得到了。到时候，你的层次就又会高一阶。

（选取自本书第161页）

20 并不是用心工作，不断进步，你就100%会获得你想要的成功，因为还有一点至关重要，少了它，在职场上你将寸步难行。那就是领悟能力，也叫理解力。你也许会说，这有什么难的？但如果仔细琢磨的话，你会发现，想要掌握正确的理解力并不是一件简单的事情。当你终于提高到可以认清自己理解力不足的时候，就会陷入恐慌，开始觉得自己的认知很多都是错的，原来自己的理解力如此低下。

（选取自本书第168页）

21 每天预留出能集中精力、专心致志地思考重要问题或处理关键工作的时间，事先要估计到可能出现的干扰，预先安排出一段相对集中的时间以保证思路的连续性。

（选取自本书第207页）

22 在做一件非常复杂的工作时，如果毫不间断地一直干下去，效率不一定很高。如果能在“百忙”中暂停一下，拿出点时间放松一会，然后冷静思索，暂时中断原来的思路，探索一下新的途径，常常会收到意想不到的效果。

（选取自本书第207页）

23 少玩手机，少刷微信、微博，少看碎片化八卦或新闻。这些东西密集着标题扎眼、貌似极其重要和有趣的资讯，容易吸人眼球。

（选取自本书第207页）

24 为了梦想，做到宠辱不惊，风光时懂得自省、不膨胀得利令智昏，不为外界一时的诱惑而舍弃先前的事业基础、情感基础、人脉基础；失意时懂得自爱、能隐忍积蓄，能有足够的耐心去等待，并且在等待中打磨自己。这些实在是职场中层、技术骨干、业务骨干，每一天的日常工作中再寻常不过的了。

（选取自本书第241页）

25 正是梦想路上大大小小的挫折和考验，成就了一个乐观向上、勇于挑战、不断超越自己的你，漫长而艰巨的磨难，才能从众多的“人才”里面，淘出最后的“人物”。有才而不任性，这是从“人才”到“人物”的必经之路。

（选取自本书第241页）

26 要想圆梦或者获得生活中你想获得的其他东西，在你着手做事前，首先得确定你这么做的理由是什么。一个充分而有力的理由能使你积极主动地采取必要行动，日复一日，尽全力去实现你的目标。人的精力是有限的，有所为就必有所不为，而人与人之间的巨大区别就在于所为所不为的不同取舍。

（选取自本书第245页）

27 任何渴望成功的人，一开始都需要告诉自己，应该是理智地一步步向上攀登；等这种理智攀登变成习惯，它就会成为你的精神和气质的一部分，成为你精彩职场中最闪光也最核心的部分。

（选取自本书第249页）

28 很少有谁第一次做某事就能做得尽善尽美。一个人有时会刻意避开某些自己有担心的事情，因为他们认为，自己可能无法把事情做好，可能会犯错误。试想一下，假如你总是对自己正在做的事情感到十分轻松的话，你能真正挑战自己，让自己成长吗？

（选取自本书第250页）

29 任何事业要成功都需要持之以恒，同样，要获得别人的信任也是如此。良好的态度要一以贯之，千万不能今天扮了一天笑脸，明天难以自制而故态复萌，显出粗俗急躁的本性。一个志向高远、决心坚定的人，做任何事情都会充满信心，有始有终，而不会逢难就逃、半途而废，否则他会停滞在“人才”奔向“人物”的半山腰。

（选取自本书第252页）

30 在人生中我们总会遇到这样的时刻：你的面前仿佛一无所有，你的背后没有退路，最大的危机是你没有任何安全感，以前你所能依靠的一切，包括家人、朋友、自以为豪的能力和学识，都失去了作用。你想要努力，却不知道该向何方努力；你想要求助，却没有人能够帮助你；你不想自暴自弃，但你甚至找不到回头的路。在这种时候，你能做的唯一一件事情就是等待，一边做好各项准备，一边等待着一点点运气。

（选取自本书第264页）

# CRAFTSMEN, TALENTS, &VISIONARIES.

# 你的选择决定你的未来

## 人手→人才→人物

安京文 著

时代出版传媒股份有限公司
北京时代华文书局

**图书在版编目（CIP）数据**

你的选择决定你的未来 / 安京文著 . -- 北京 : 北京时代华文书局 , 2016.5
ISBN 978-7-5699-0882-4

Ⅰ . ①你… Ⅱ . ①安… Ⅲ . ①成功心理－青年读物
Ⅳ . ① B848.4-49

中国版本图书馆 CIP 数据核字 (2016) 第 079531 号

# 你的选择决定你的未来

著　　者｜安京文

出 版 人｜杨红卫
选题策划｜安京文
责任编辑｜王　水　黄思远
特约编辑｜孟繁强
责任校对｜尚　蕾　程　帅
装帧设计｜小徐书装　赵芝英
责任印制｜刘　银
编读互动｜haiwaibu007@163.com

出版发行｜时代出版传媒股份有限公司 http://www.press-mart.com
北京时代华文书局 http://www.bjsdsj.com.cn
北京市东城区安定门外大街 136 号皇城国际大厦 A 座 8 楼
邮编：100011　电话：010 - 64267955　64267677
印　　刷｜北京中科印刷有限公司　010 - 69590320
（如发现印装质量问题，请与印刷厂联系调换）
开　　本｜710×1000mm　1/16
印　　张｜19.5
字　　数｜224 千字
版　　次｜2016 年 8 月第 1 版　　2016 年 8 月第 1 次印刷
书　　号｜ISBN 978-7-5699-0882-4

定　　价｜49. 80 元

## 题记

经常问自己以下重要的问题：

“为什么我在这里？”

“这份工作需要我做什么？”

“我来这里为了什么？”

“我如何才能做得更好？”

# 序

# PREFACE

# 人手、人才、人物，你是哪一种？

王民（安徽出版集团有限责任公司董事长）/文

最近几年跟年轻员工开会，时常会问他们：

职场中有三种人：人手，人才，人物；你现在是哪一种？你想成为哪一种？

2016年春，安京文和他的团队几次找我，约我给他们的书稿写个序。几次推脱之后，有感于他们的诚恳，我终于应答下来，但还是忍不住地问："我们这些职场大叔，对年轻人的职场规划指手画脚，他们听得进去吗？"安京文说："年轻人当然不需要指指点点，但他们需要指点。"

如今，我们面临的社会心理、行业特征、就业压力、职场竞争，甚至对"成功"的定义，都和以往不一样。"经济新常态""供给侧改革""大数据""互联网+"等新概念，让我们意识到自己置身的这个时代和以往有多么的不同。这些不同，会让有些人产生危机感和挫折感，但也会带给有些人破壁而出的激情和机遇。

夏天到了，这本《你的选择决定你的未来：人手—人才—人物》书稿初成。几天读完，感触很深。记得二十多年前的一个夏天，我走出大学校门，去一所学校当教师。那时候大学生还被称为“天之骄子”，每日里意气风发，相信未来繁花似锦，一心想改变世界，仿佛身在云端。直到有一天，一位德高望重的职场前辈问了我几个问题，让我思考：

“为什么我在这里？”

“这份工作需要我做什么？”

“我来这里为了什么？”

“我如何才能做得更好？”

我思索片刻就给出了答案，尽管我已经记不得当时是如何回答的。一个人越年轻、对世界认识得越少，就越觉得自己无所不能、无所不知。此后，光阴荏苒，我也经历了多个行业的多个不同的工作岗位。工作之余，这几个问题经常会跳进脑海，而我每一次的回答，即使字面上跟上一次的回答一样，但每一次回答的内涵都比之前更丰富，这是不可置疑的。另一个不可置疑的事实是：这几个问题伴随了我迄今的整个职场。

常年做人力资源研究的安京文，总能准确地帮助到站在十字路口的年轻人。这本书讲述了包括我本人在内的许多企业中高管的职场故事，其中不乏困境反击的实例。这本书记录着我们60后、70后甚至80后，老中青三代人在职场中经历的酸甜苦辣，记录着我们的坎坷与光荣，记录着我们的得失和经验。

愿这本书能带给年轻朋友们一些思考，能助你们少走几步弯路。肯定有青年朋友出来抬杠：我偏愿意走弯路，走弯路，可以长经验、增勇气、磨练毅力。但我想说的是：恰恰在你走弯路的这一瞬，原本跑在你身后的人，对你实现了“弯道超车”。在以后的日子里，你发现错过的可能不是一步，而是一生。

在“人手、人才、人物”这条成长之路上，你每一次的选择都左右着你最终的结果。是为序。

# 目录

CONTENTS

第一章　“大数据”时代的人手、人才和人物
职场第一问：你在人才“高档超市”还是“菜市场”里？...002

◎人手是大众版，人才是升级版，人物是限量版...010
◎人手的短期自信与长期自卑...020
◎人才的短期坚持与长期进步...028
◎人物的短期压力与长期业绩...036
不是答案的答案：你永远要面对一条阿尔法狗...044

第二章　人力资本比房价涨得还快
职场第二问：在这个社会上，你想走多远、多高？...050

◎比房价涨得快、更保值的人力资本...053
◎成功不需要借口...059
◎“真”人才三原则...065
不是答案的答案：再不奋斗，你就老了...074

第三章　人手：随时站在失业边缘
职场第三问：90%的人都是“人手”，你能做那10%吗？...080

◎“人手”就是领导的一只手...082
◎人手，随时可以被取代...091
◎所谓的安逸，不过是浪费生命...100
◎问心无愧，才有可能成功...112
不是答案的答案：“信念”的力量让你成为10%...119

## 第四章　一流的执行力，超越“人手”阶段

职场第四问：怎么从“人手”升级为“人才”？...124

◎在人手中成长为人才...126

◎人才不是大忽悠...132

◎职场“墙头草”是如何长出来的...142

◎不做职场“隐形人”...148

◎用心干活，对细节精益求精...156

◎自我认识，自我学习，自我领悟...162

不是答案的答案：必不可少的“执行力”...172

## 第五章　一流的协调力，超越“人才”阶段

职场第五问：全世界人才有9990万，怎样搏出位？...176

◎给你一个项目，你能干成精品吗？...178

◎给你一个团队，你能带成“梦之队”吗？...183

◎“货比货该扔，人比人该死？”...189

◎任人不唯亲，舍得“亏”自己...195

◎时间花错，人才变人手；时间花对，人才变人物...202

◎你在任何一个环境中，都能承受委屈和压力吗？...209

◎不怕碰壁，不怕吃苦，不怕吃亏...214

◎你是怀才不遇，还是怀才不够？...218

不是答案的答案：有协调力才能出位...222

## 第六章　一流的领导力，跻身卓越“人物”

职场第六问：人才的下一站，是人物。你准备好了吗？...226

◎10万精英引领的世界...228
◎胜者为王？剩者为王！...232
◎“有才不任性”才能成为“人物”...237
◎幻想不是梦想，要有所为、有所不为...242
◎向善的力量，让你变勇敢...247
◎你不能把这个世界让给你所鄙视的人...253
◎人物要有社会责任感...257
◎一流的包容心和恒久的耐心...262
不是答案的答案：人物最需要领导力...267

## 第七章　最大的竞争是人与人之间的竞争

职场第七问：你为什么要成为人物？...272

◎中国最大的外国文学出版机构“解散”的启示...274
◎全产业链运作脱颖而出...277
◎从现在开始修理屋顶...282
◎人手、人才、人物都要努力争取自己的权利...286
◎人才的“供给侧改革”...290
不是答案的答案：在你改变世界之前，必须意识到自己也是世界的一部分...294

# 第一章

# “大数据”时代的人手、人才和人物

QUESTION

# 职场第一问

## 你在人才“高档超市”还是“菜市场”里？

刚过完年，电话就多了起来，很多平时不联系的朋友、客户纷纷打我的手机，核心要求就一个：给他们的亲戚朋友寻找一份工作，有时候甚至是一个实习岗位。

春江水暖鸭先知，可惜我是属龙的，没有这么敏感，现在才恍然大悟：春天来了，又到了学生毕业、企业招聘的旺季，打开报纸（虽然纸媒每年都被宣判一次死刑，但确实还是有人在上面找工作的）、网站（来北京出差，地铁里面胡歌代言某招聘网站，频频在大幅海报上向你发出召唤），参加各种招聘会，会上火爆的场面更是刷新了历年之最。真可以说是一职难求，一人难得。

看到这种情况，我不禁想起十几年前的一部电影《天下无贼》，冯小刚导演的，里面葛优扮演的黎叔说过一句经典台词，当时在企业家和人力资源圈子里的流行程度不亚于“三体”在互联网圈子里的流行，黎叔说：“二十一世纪什么最贵？人才！”当时大家纷纷调侃：招得到人，找不到人。找得到人，招不到人。这两句话的意思是：招聘很简单，你随便在人才招聘会上摆个摊，就能够收上来几百上千份简历，随便在招聘网站上发布一个消息，就能收到各个学校、各种专业背景的应聘邮件，可是一个企业却很难找到一个适合自己企业发展需求的人。有的时候，你走了狗屎运，遇到了一个非常合适的人，对不起，雇佣他/她的成本往往远远超出你的预算，你只能望洋兴叹，看着他/她去了别的企业，甚至是直接竞争对手那里。

转眼之间，随着我的肚腩一天天膨胀起来，二十一世纪也已经过去了十分之一还多了。又一个春天来了，又一个招聘周期开始了，我的同学、朋友、同事的孩子很多都已经进入了求职的年龄，他们经常会问我一些关于招聘的问题，因为他们也不明白现在用人单位究竟需要什么样的人才，看重应聘者什么样的特质，是211、985，还是各种专业证书，还是各种各样的实践经历，还是创过业、下过乡、去非洲当过志愿者？每每听到这些话，我也有点头大，因为一个企业需要的人才并不是一成不变的，而是因时因地快速变化的。我所在的企业说大不大，说小不小，也有上千名员工，十几家子公司，每家子公司对应聘者的需求不可能是千篇一律的，也不可能是一成不变的。具体情况具体分析，等于是一句废话。不过既然人力资源市场是一个市场，就会遵循市场的基本规律，也还是可以通过分析得出结论的，不然搞招聘的不成了算命的？

很多人在咨询求职的时候都喜欢问我一个问题：像我这样的条件，在人才市场上处于一个什么样的位置，适合向什么样的企业推销自己？能问出这个问题，说明这个求职者对自己已经有了一定的思考，起码开始从一个产品经理人的角度定位自己，开始考虑自己在人力资源市场上究竟是一个什么样的产品。只有知道自己是什么产品，才不会犯向需要电视机的“消费者”（招聘方）推销冰箱的错误。这个世界上也许有超级推销员可以把冰箱卖给原本需要电视机的人，可是，相信我，那个推销员不是你。

可是这种程度的思考还不够，还不足以让一个人获得比其他人更大的求职优势。开始思考的时候往往是一个人最为困惑的时候。就像我刚入职场的时候，很幸运地遇到了很多追求卓越的同事，他们在工作之余还坚持自我充电和学习，这一点真的很不容易，给了还年轻的我很大震撼。于是我也想开始学习点什么，当时我的工作可以说十分简单，几乎不需任何专业技能，我不知道开始学什么好。于是我就选择了大多数人都会选择的英语，准备花一两年的时间来提高自己的英语水平，为以后的上升打下基础。一边工作一边学习是痛苦的，有过这种经历的人都知道。我还算一个意志坚定的人，最困扰自己的不是英语学习中的困难，而是学了一段时间，除了占用了大量业余时间之外，并没有给工作带来什么帮助。

一个人在看不到目标的时候特别容易产生厌倦情绪。具体到工作之余的学习中，在最开始的阶段，你已经投入了大量的时间和精力，可是这些“投资”需要一个很漫长的时间才能产生“回报”，而这些“回报”还不一定能抵偿你的“投资”。犯罪学上有一条经典的论述：与其不断加重对某一罪行的惩罚力度，不如降低罪犯逃脱预期。也就是说，对犯了罪的人并不一定要实施特别严厉的惩罚，但要尽量保证，一旦你犯了这种罪行，几乎一定会受到惩罚。无论面对的惩罚是大是小，一旦觉得自己有很大几率被抓到的话，一般人就不会去冒这种风险了。这种做法就巧妙地利用了人对未来的预期。学习一种技能也是一样，当你付出极大努力，但并不确定自己能从中得到什么，反而可能影响你本职工作的时候，你自然会产生疑虑。

对自己“产品定位”的思考也是一样，如果你只是考虑到自己是个什么产品的程度，很多时候并不能让你豁然开朗，反而会让你更加糊涂了。假设你是一台电视机，那你是一台什么样的电视机呢？平板？曲面？4K？超薄？智能？国产？进口？每个人的具体情况都是不一样的，你沿着这条思路往下想，想得越深越拔不出来。同时你还要考虑到用人单位的喜好，就更没有个头儿了。别忘了我前面说过的，用人单位其实很多时候也不知道自己要用什么样的人，因为单位的需求、招聘者的需求、直接领导的需求都是在不断变化的。这种情况下，你企图在人类资源市场上为自己精确定位是不现实的。因为在每一分每一秒，人力资源市场上的信息都是大数据。尤其在中国，每年都有大量的劳动力投入市场。2016年，预计仅大学生就有765万人毕业，这些人中的绝大部分都会投入到市场中寻求工作。他们面对的同样是数以千万计的企业。这就决定了，人力资源市场的数据也将是大数据。

所谓大数据，是由巨型数据集组成。大数据最大的特点就是“大”。组成大数据的数据集本身就是非常巨大的。大到什么程度？大到经常超出一般的处理能力。如何从海量的数据中，快速获得最有价值的信息，就要依靠大数据技术。

在大数据时代，其实我那些朋友、客户和同事的推荐还是一种农业时代的做法，虽然这种做法很多时候还是非常有效果的。在农业时代，每个人的生活圈子都很有限，一生之中接触的人还没有今天我们一个月接触的人多，这种情况下，熟人的推荐是相当靠谱的，因为他不是推荐完了就没有任何责任，可以说，推荐者对自己推荐的人负有长期的责任。我们基于对推荐者的信任接纳新人，也省去了极大的筛选成本和试错成本。每次到北京办事，我都喜欢到老茶馆里坐坐，让伙计沏上一壶茶，慢慢地品味一番。在这样的茶馆里，我经常看见伙计穿着老年间的衣服，给客人端茶送水，在客人离席的时候高喊“慢走”“不送”。这种情景总是让我想起倒退几十年，那时候茶馆招聘一个伙计，往往需要其他店铺出具“铺保”，为这个伙计做担保，免得出现意外情况，茶馆受损失。这在农业社会是一种很有智慧的处理方式，最大限度地保证了双方的利益。

现在“铺保”这种东西已经很少见了，我恰巧看过一份，那是北京刚解放的时候，两家商号为一个商贩出示的铺保。1949年10月14日，北京崇文门外四条东观胡同有一家商号叫“福源公记”，在宣武枣林前街有一家商号“义顺和”，两家买卖为去东北经商的商贩于有福出具了一份铺保证明，证明是这样写的：“于有福实系赴东北等处购买自行车零件等物，今请发给行商证明书……情愿按季缴纳捐税，如有拖欠税款及携带违禁物品等一切不良情形，保人情愿担负完全责任。”铺保上还盖有“福源公记”老板王希彬、“义顺和”老板王云泰的印章，非常正规。于有福可以拿着铺保到相关部门领取经商的证明。谁说中国古代没有契约精神和商业头脑呢？他们采取的方法仔细推敲，往往与今天最新的商业理论同符合契，充满商业智慧。今天向我推荐人的朋友不会写下铺保，但他是用自己的信誉为担保，在我这里，至少比市场上的陌生人要加分，至少我能在简历上多看上几眼。

但是旧方法毕竟会被新时代淘汰。当你的公司越做越大，人才的需求在数量、质量、品种上都不断迈上一个新台阶的时候，你已经不可能寄希望于熟人的介绍了。而且茶馆招聘伙计的标准可能几十年没有变化——踏实肯干、头脑机灵、相貌端正，可是一个企业今年和去年的招聘标准却可能发生了翻天覆地的变化。在大数据时代，企业要想找到合适的人，必须适应时代的变化和发展，不然就只有被淘汰一条路。

以上扯得好像有点远，我们接着说应聘的事情。既然企业招聘有点难，应聘者就必须想办法降低这种难度，好让自己更容易接近工作。用有技术含量的话来说，降低大数据的数量级；用没有技术含量的话来说，往自己身上多贴点标签，让用人方一看就明白。现在的毕业生恐怕买菜的经验并不多，但是起码应该逛过超市。只要有这种经验就应该明白，决定商品在顾客眼中第一印象的，甚至决定顾客预期的，往往不是商品本身，而是出售产品的场所。一件东西，在社区便利店、农贸市场、高档超市、SHOPPINGMALL里的购物中心，现在还有京东到家、天猫超市，不同的销售场所决定了产品的价格。仔细分析可以发现，在高档超市里，商品售价即使贵上20%，顾客也不会提出抗议，因为他已经潜移默化地接受了这种商品定位。而在农贸市场，售价只要有很小的涨幅，也很难卖出去。在人力资源市场上同样如此，这个市场并不是统一的大市场，而是分成多种多样的销售场所，你究竟是在人才超市里，还是在人才菜市场里和客户见面，效果是完全不同的。

我父母这一辈人，感到最亲切的还是菜市场。我曾经接他们到城里来小住，结果他们最喜欢的是逛离小区不远的农贸市场。这座农贸市场已经存在了很多年，占地面积巨大，里面很多是郊区农民直接来卖东西，因此十分便宜，而且花样繁多，可供挑选的余地很多。虽然这座市场的存在让小区附近的交通变得极其糟糕，但还是有很多人，特别是像我父母一样上了年纪的人喜欢农贸市场里面的东西。当然，他们每次买回来的都是一些家常菜，甚至会因为过于便宜买上一大堆不需要的葱姜蒜之类的。而我的一位同事，平时只逛专门的高档超市，这种超市里面基本上都是进口产品。他每次虽然买得不多，但花钱不少。我问过他为什么只去高档超市，他说那里有全城品种最齐全的奶酪、葡萄酒和各式火腿、香料，有各种进口的生鲜食品，符合他的全部需求，而且重要的是人也少。

菜市场和高档超市没有高下之分，只要符合顾客需求，它们都是有存在理由的。喜欢菜市场，可以在茶余饭后溜达一圈，和熟悉的老板聊聊天、侃侃价；喜欢高档超市，你也可以省去反复挑选的麻烦，见识到更多以前不会想到用来做饭的食材。但是，有很多相同的产品，在进入菜市场和高档超市之后，已经显示出了命运的不同。一根黄瓜，在菜市场里面可能是与土豆、西红柿、葱、白菜和西瓜为伍，而在高档超市里面身边摆放的还会有咖啡、调味料、奶酪、威士忌与葡萄酒。前两年有一句话：世界这么大，我想去看看。其实什么是更大的世界呢？更大的世界就是更丰富的世界，更多样性的世界，最终是更好的世界。如果一个公司，能让你接触到更多和你不一样的同事，那这家公司无疑是一个好公司。有人说好公司应该让员工接触到更高层次的人。没错，能接触到更高层次的人当然更好。但是相信我，一个初入职场的菜鸟，无论在哪一家公司，都不大可能获得很多接触更高层次的人的机会，相反，对很多人来说，进入职场的头两年，因为更多接触社会，反而会遇到很多“看上去还不如我”的人，让你的三观遭受一次次不大不小的打击。除非你具备了一定的实力，或者说从人手变成了人才，从人才进化成了人物，这样你的朋友圈自然就会发生改变。在这种情况下，如果能在进入职场的第一步就进入高档超市，无疑会对你的职业生涯产生更为积极的影响。

客户要面对越来越多的海量数据，在这个前提下，如何才能在人力资源市场里挤进超市甚至高档超市，争取更多的溢价空间呢？这就要涉及人手、人才和人物的问题了。只有透彻理解了人才、人手和人物的关系，你才有可能赢得机会，步步上升。

人手是大众版，人才是升级版，
人物是限量版

## 永远过剩的人手

在人力资源市场上，或者说整个职场中，可以把人分为三类：人手、人才、人物。无论你从事什么行业，处在什么地位，发挥什么作用，都可以归类到这三种人里面。人手、人才、人物有很大的区别，踏入职场的年轻人第一步就是要搞清楚人手、人才、人物之间的区别，这样才有可能慢慢从人手变成人才，从人才变成人物。

人手是什么？人手就是干具体活儿的人。我们老家也叫作“人头”。一人一个头，有几个头就有几个人干活。这两个词形象地描述了一个干活的人：两只手、一个脑袋。要求并不高，有脑袋和双手就能干活。这种人永远是大多数，不仅是职场中的大多数，也是社会中的大多数。根据著名的“二八定律”，一个公司80%的价值由20%的员工创造。我自己的观察可能更极端一些，在我看来，公司90%的价值是由10%的员工创造的。在这种情况下，其他90%的员工都是“人手”，也就是招聘市场上最大多数的人。他们能在别人安排下，完成大量机械、重复、低价值的工作，创造10%的利润，对公司的贡献基本是通过简单粗暴的数量增长实现的，也就是说，人手越多，创造的产值越多，事实上他们消耗的资源、产生的垃圾，也是最多的。通过增加人手来创造产值的办法，在公司初创时期，或在整个经济大环境向上的时候，会发挥一定的作用。

人手最大的特征是什么？就是多，更准确地说是过剩。用经济学术语来说，就是长期处于供给过剩的状态。无论什么时候，招聘一个人手都不难。每个公司都面临这样一个问题：市场上有充足的人手供应，可是公司想要的并不是这些人。这种情况看看微信朋友圈就很明白，各大公司——国营的、民营的、北上广的、三线地方的，都在招人，一个个从个人待遇谈到公司文化，从辉煌历史谈到未来愿景，动之以情、晓之以理，比平时发其他软文用心多了。

现在企业是真缺人不是假缺人。那为什么很多人还找不到工作呢？因为：

• 你是“人手”不是“人才”，你目前只能给公司增加支出，不能产生效益。人手阶段，你只要有比较强的执行力，就算一个不错的员工了，很多时候，就这一个要求就把很多人挡在了门槛外面。

• 在“唯利是图”的公司里，你没有议价能力，只能接受各种你并不想去的工作岗位。

• 从产品的角度来说，人手是大众版，人才是升级版，人物是限量版。而且很多求职的人很可能一辈子就停留在人手的阶段，难以向上攀登。

可能你听到这里十分恐惧：我这辈子就只能做个人手吗？

不要气馁。每个人都是从一个“人手”做起的，每个人都曾经是那个庞大分母的一分子。能不能脱颖而出，一是要看你自身的学习和努力，二是要看你的职场环境。

曾经有一位我敬重的老领导说过：一个企业里面的年轻员工，要珍惜每一次培训机会，更重要的是努力提高自己再学习、善学习、勤学习的能力。一个人绝对不能安于现状，要从“人手”努力向“人才”转变，继而努力奋斗，争取成长为“人物”。即使你现在已经是个“人才”，也一定要保持旺盛的学习状态，将再学习的能力变成一种习惯。一个公司提倡和鼓励所有员工以各种方式进行学习深造，要给“人手”和“人才”足够的成长平台，为他们争取成长的时间和空间，决不能使“人才”退变成“庸才”。

这段话我深有感触：对一个人的成长来说，个人的努力是十分重要的，但是环境也同样重要，你跟的第一个领导更是重中之重。

我在茶馆里喝茶的时候曾经听人说过：

从前的伙计，无论在茶馆饭店，还是商铺买卖，干了几年转行都没有问题。只有一个行当，伙计要是入了行，就很难转到别的行业了。这个行当就是当铺。

道理很简单：去当铺的人必然是遇到难处需要周转渡过难关，这时候只有低三下四地求当铺的伙计多当一点钱。当铺的伙计为了压价，更是要装出一副不可一世的样子。长此以往，形成了习惯，当铺伙计想要再转到别的地方，比如说茶馆吧，茶馆要求伙计必须和气生财、跑前跑后、极尽照顾顾客，当铺出来的伙计哪能做得到？

茶馆饭店的老板们，绝不会傻到用这种只会给顾客脸色看的伙计。用句新词说，当铺伙计已经“体制化”了，只会在顾客前面充大爷，只适应在当铺里待着。

我听了这个故事之后，想到的是环境对人的形塑力。当我们都是人手的时候，彼此都是差不多的；当我们都是人才的时候，我们已经变得不再相同；当我们都是人物的时候，我们之间已经很难看出当初的相同了。环境的力量就是这么可怕，而作为一个领导，一定要慎重对待你手下的新人。

实际上，我们大多数人遇到的职场环境，都是不好也不坏，并不会给你多大助力，也不会给你多大阻力，这时候就要看你自己的选择了。

只要你明白人手、人才、人物的关系，你就有上升的希望。

好了，你现在是一个人手了，知道身边有很多很多——多得超出你想象的和你一样的人手，那么你也应该了解一下，人才是什么样的。

## 长期不饱和的人才

人才是一个公司、一个企业的骨干，也是90%价值的来源。人才最大的特征是长期不饱和，在人力资源市场上，人才永远是稀缺品，永远处于不饱和的状态。

什么是人才？每个用人的老板可能有自己的定义。有一种说法是：人人都是人才，人人都可以成才，重在培养、使用、提高。就像周星驰在《食神》里面说的：世界上根本没有食神，只要用心，每个人都可以是食神。我想每一个人手心中都有一颗成为人才的心，不忘初心方得始终。这样说可能有点虚无缥缈，我们还是说点实际的。

什么是人才？我认为人才相对于人手，有几个重要的特征。

首先，人才比人手有更高的成长性。有些人认为人手是一张白纸，怎么教都可以，怎么塑造都可以，使用起来更容易、更顺手。但是人手的成长性是一条泛滥的河流，今年从这里走，明年很可能就改道。这样的人，不仅他自己不知道该往哪里去，在改道的过程中还会给整个公司带来负面的影响。人才不一样，人才已经找到了自己的河道，能够一路向前，最终奔流入海。

你首先要发现自己的目的，才能在你的领导那里为自己争取到一个机会。如果你连自己的方向都不知道，别人怎么可能对你有所帮助呢？

其次，人才相比人手，往往通过几年的工作，积累更多的经验和人脉关系，特别是后者。在我近几年看到的招聘广告中，招聘者除了应聘者的技能之外，更看重应聘者的资源，总是希望应聘者能将自己的资源带到公司来。这种资源的含义很广，并不局限在人脉上。对一个已经进入职场几年的人来说，如果你想够一够“人才”的边，这个要求并不过分。专业技能的学习在职场中很重要，但随着公司对员工要求的不断提高，如果想要当一个人才，那你必须对自己狠一点，从各方面加强对自己的要求。

最后，一个人才与一个人手最大的区别，在于人才可以领导人手，而人手不能领导人才。在一个公司中，领导才能是一个人做大做强所必需的。当你是一个人奋斗，你只是个人手，也许能成长为一个人才；当你领导一群人的时候，哪怕是赶鸭子上架，你已经是一个人才了。有时候这和个人素质没有太大关系，当你站得高时，自然看得远。

我的一位老领导曾经说过，做领导要熟知人性，要为你的下属争取权利，其中最重要的权利就是发展的空间和平台。很多人都读过韩愈的《马说》：“世有伯乐，然后有千里马。千里马常有，而伯乐不常有。……马之千里者，一食或尽粟一石，食马者不知其能千里而食也。是马也，虽有千里之能，食不饱，力不足，才美不外见，且欲与常马等不可得，安求其能千里也？”

人才很少，能正确使用人才的伯乐比人才还少。有的领导知道下属是人才，可是却不能提供足够的支持。在职场上经常出现这样的情况：明明善于创意的人才，却不得不做按部就班的重复工作；明明是善于沟通交际的人才，却只能每天按时打卡上班。千里马和人才一样，都是在大地上“跑”出来的，都是在平台上“赛”出来的，都需要一定的外部条件。

现在很多公司领导和当年的楚霸王项羽一样：“项王见人，恭敬慈爱，言语呕呕；人有疾病，涕泣分食饮；致使人有功，当封爵者，印刓弊，忍不能予。”韩信拜将之后，对刘邦分析项羽的弱点，说项羽对属下十分亲爱，别人生了病，他一边抹眼泪，一边把自己的食物分给病人吃；但是别人立下了功劳应该加以封赏的时候，项羽把着印信不松手，都快磨得没有棱角了，也不想给别人。这些领导平时对底下的员工嘘寒问暖，关键时刻却不放手给予必要的权力、财物，甚至是下属必要的生存资料。依我看，这种领导，一是没有识人之明，不知道哪些人可用，哪些人不可用；二是没有用人之勇，因为用新人总是有风险的，他们不想担这个风险，对“人才”能识别、能小用，却不愿意大用。在这样的环境中，也就不容易从“人手”里面拼杀出一批又一批的“人才”。

人才长期不饱和，对人才的需求越来越多，我想没有不想成为人才的人手，但你要规划自己的成长，更要规范自己的成长，既要想办法毛遂自荐，更要有能力脱颖而出。

## 可遇不可求的人物

人才不是你的终点，每一个人才心中都怀揣着成为“人物”的梦想。相比限量供应的人才，人物并不能培养出来，也不能定向寻找到。可以说，人物是可遇而不可求的。究竟这种传说中的东西是什么呢？

陈寅恪先生曾经针对治学说过这样一段话：

> 一时代之学术，必有其新材料与新问题。取用此材料以研求问题，则为此时代学术之新潮流。治学之士得预于以潮流者，谓之预流；其未得预者，谓之不入流。此古今学术史之通义，非彼闭门造车之徒所能同喻者也。

陈先生这段话提出了一个“预流”和“不入流”的问题。在我粗浅的理解，所谓“预流”和“不入流”，是在说一个人能否敏锐地察觉到时代潮流的走向，能否在察觉的时候积极迅速地投身进去。我个人觉得，只有这样的人才能被称为“人物”。

在我们这个变化空前剧烈的时代，前十年的巨人，很可能就是今天的被淘汰者。这个淘汰的过程是空前惨烈的。当年强大的诺基亚，今天几乎已经灰飞烟灭了，当年不可一世的日系品牌，现在又有多少还生存得好好的？没有什么是一成不变的，不变的只有变化本身。在历史剧烈变动的时代，谁能透过现实的层层迷雾，看到通往远方的道路，他就是一个真正的人物。做领导的常常要警惕的是“一将无能，累死千军”，方向错了，一切努力都是错的。虽然强如科技大神乔布斯，也曾经有被自己创办的公司辞退的时候，但面对时代的挑战，谁又能轻言放弃呢?

除了对时代走向的敏感之外，人物同样要具备将人才阶段积累的一切资源转化为动力的能力和决心。有人做事是为了位子，有人上位是为了做事。只有后者才有成为人物的潜质。很多时候，你越追求什么越得不到。旁人看重的那些东西，基本上都是你成功的附属品。知道这一点之后，成为人物的道路看起来也没有什么可怕的。

总的来说，一个人物的出现，需要“天时地利人和”，需要那么一点运气。美国投资家巴菲特，很多人尊称他为“股神”。他说：当我还是个孩子，我就拥有各方面的良好条件。我自己的家庭环境优越，家里人讨论的事情都很有趣；我的父母很聪明；我上的学校也很好。我的父母在我眼里是世界上最好的。这很重要。我没有从父母那里继承一分钱，我并不想要遗产。可是，我是在恰当的时间出生在恰当的地点，我抽中了“卵巢彩票”。

巴菲特曾对比尔·盖茨说，一百年前，拥有巴菲特和比尔·盖茨才能的人，并没有什么前途，因为他们早生了一百年。巴菲特是个很坦诚的人，不过即使你和比尔·盖茨生在一个年代，你离他的成功也很远很远，因为你没有他的家庭背景、社会背景和人脉条件。举个例子，我二叔和比尔·盖茨同岁，二人算是同时代的人，1968年，13岁的比尔·盖茨开始计算机编程设计，进入日后影响世界科技界的圈子。我二叔开始在村里种田、给生产队养牛，每天接触的除了牛就是大字不识的“社员劳动力”，即前面提到的“人手”。

比尔·盖茨创立的第一家公司是和合作伙伴艾伦创立的交通数据公司，他们的产品是一种用来计算汽车流量的机器。两个人凑了360美元买了一台英特尔公司的8008处理机，并用延期付款的办法聘请了一位工程师，来帮助设计软件。他们开发的软件可以更科学地统计出交通流量。软件虽然简单，不过还是有用的，可以帮助确定最佳的交通管理方法，安排红绿灯亮起的时间长短等等。盖茨通过父母的关系，找到了一位主管交通的市政官员，向他推销自己的产品。于是西雅图街头的交通控制系统使用了这一软件。这一次，交通数据公司大约盈利2万美金。随后艾伦开始在美国各地巡回推销这套软件，甚至一度还到加拿大进行推销，但是由于缺少可靠的社会关系和人脉资源，产品的推广一直没有成效。而盖茨父母的人脉资源直接带来了现金入账。

比尔·盖茨的第二家公司从事的是课表编排程序的开发，他仍然从人脉关系入手开展公司业务。他们的第一单业务是自己学校的课表编排，而第二单则是通过他姐姐的关系。他的姐姐克里斯蒂娜是华盛顿大学学生管理协会的成员之一，这个协会正好负责华盛顿大学实验学院学籍管理软件的项目。由此可见，比尔·盖茨那个绝非中产阶级可比的家庭背景，以及由此带来的社会关系有多么重要，他创业发家的过程中始终都受益于家族的人脉关系。此后盖茨依然不断地利用社会关系和人脉资源为自己的成功添砖加瓦。

盖茨有一个非常好的日本朋友叫西和彦，两个人在22岁的时候就认识了。西和彦不厌其烦地为盖茨讲解了很多日本市场的特点，为盖茨找到了第一个日本个人电脑项目。有了西和彦，盖茨开发的软件才得以在1977年就打入了日本市场。在数年的时间中，身材圆胖、举止浮夸的西和彦让日本成为微软的第二大市场，仅次于美国。

事实虽然让人痛苦，但是也能提高你的决策水平和行动力。认清人物可遇不可求这个事实之后，你应该把手头的事情清理一下，先易后难，把事情一件一件解决。这不能帮助你未来成为一个人物，但应该可以帮助你目前加快工作进度。要记住，你目前的工作状态决定你三年后的生存质量。你在这个时间出现在这份工作面前，也不排除你正在把成为某种人物的“彩票”拿在手中，谁知道它三年后、十年后兑出什么样的奖项呢?

# 人手的短期自信与长期自卑

## 不要害怕升职加薪

不要害怕升职加薪，这是我对新加入公司的人的第一句话。听起来很荒谬，怎么会有人害怕升职加薪呢？他们忍受每周60小时的工作，忍受脾气暴躁的上司，忍受动不动修改要求的客户，从最简单机械的工作做起——那些工作根本不需要他们之前千辛万苦接受的多年教育，不就是为了升职加薪，走上人生巅峰吗？害怕？太荒谬了。

首先要澄清一个事实。并不是每个人都怀着狂热的进取心来到你的公司。这么多年来我面试过的人没有一千也有八九百了，却很少能遇到从头到脚都洋溢着准备做公司未来总经理热情的人，1%都不到。很多人表面上对工作十分渴望，但实际上，我能听到他们内心的声音：这家公司看起来还不错，也许我能在这儿轻松地混碗饭吃。其实这种心理很正常，没有什么好指责的，就像前面说过的，人手永远占人群的大多数，我们招聘进入公司的大多数也都是这样的。

在进入公司之后，很多时候这种情绪会进一步发展。有人可能会反驳说他见到的年轻人都很有上进心。没错，在现今职场的巨大压力下，每个人都感受到向上攀登的压力。但是，在他们脑海里，为自己勾画的是一种循序渐进，像大学期末考试一样的上升路线，一切都要等“准备好了再说”，等自己的能力、自己的人脉、自己对企业的了解、自己对领导喜好的了解、自己对自己发展方向的规划，等一切都准备好了之后，他才会考虑决定接受一个比自己现在位置高半阶的位子。

实际上，不会有什么“准备好了再说”，这种想法有点类似于日本企业上世纪的“年功序列”，也就是论资排辈。只有在这种情况下，你才会感觉好了：嗯，离科长还有两年时间，离处长还有十年时间，离退休还有……实际上有过升职经验的人都知道，升职经常是一个意外。跳槽到别的公司总是比在本公司内部提出加薪更容易涨工资，意外情况的出现也总是比按部就班更容易让你上升。

我认识的一个年轻人，毕业之后进入一家小型公司实习，老板很欣赏他，但是他的顶头上司总是找他麻烦。过不了两年，他就受不了压制，离开那家公司进入了一家新成立的公司。可是新公司刚开始就很艰难，由于种种原因投资没有到位，一时间工资也只能发70%。这种情况下原定的跳槽过来的一位部门经理不来了，他被赶鸭子上架，从一个小兵一下子领导一个部门。还好，这个年轻人有着足够的勇气，用一种笨拙而坚定的精神继续前进。挨过最开始的艰难之后，他豁然发现自己的起点已经比其他同龄人高出了一大截。

• 如果没有意外，入职时工资一万的人，过上五年，还是会比入职时工资五千的人收入高。而意外事件的出现，给了我们一个弯道超车的机会，如果你抓不住这个机会，机会下次出现恐怕要等五年。

• 你应该知道自己可能无法在五年之后还保持足够的勇气。一定要表现出野心和雄心，即使不去努力争取，也一定要随时做好准备。

• 天上掉下来的馅饼肯定不好吞下肚，因为那种好事轮不到你我，可是如果连张开嘴的勇气都没有，那就不要埋怨命运不公了。请混迹于公司和你一样的人中间，讨论一下昨晚的电视剧，传一传小道消息就好了，不要在别人加薪升职的时候感到不平，因为那是你主动放弃的。

• 请相信大部分领导的智商，如果你有能力和潜力给他挣钱，你一定会进入他的视野。

很多人批评刚进入职场的年轻人眼高手低，我把这种现象总结为“人手的短期自信与长期自卑”。很多年轻人对交到自己手上的工作不屑一顾，认为太简单了。确实很简单，因为那都是公司最基础的工作，感到容易上手是正常的，感到困难说明公司请错了人。但是将时间放长远一些，他们的自信就会迅速转化为自卑，他们会找出各种理由为自己的不能胜任做辩解，似乎不能迅速成长的责任都在外部环境。殊不知这种心态正是阻碍他们进步的绊脚石。不能进步，在职场上就是出局的代名词。初入职场，就像从花园来到了旷野，举目四望，只有一片荒地，周围不是和你一样迷茫的旅人，就是赶羊的牧人，你无所依归，所能做的只是从旷野中走出一条路来。这个时候不容你怠慢，也不容你在原地踏步。仔细想想，走路有什么好自卑的呢？升职有什么好怕的呢？无非是走一段弯路，大不了失败一次而已，失败的代价不大，但一旦成功，你将获得丰厚回报。

## 进取心是一种稀缺品

“人手的短期自信与长期自卑”究竟是怎么产生的呢？我觉得主要原因是他们的意志力、进取心不足。心理学家的实验早就发现，保存进取心，保持对自己行为的控制，其实和锻炼身体一样，是一种很消耗生物能量的行为。每个人的能量是很有限的，不可能会长期供给足够的能量来保持上进的意志力。就像你不可能天天跑个短程马拉松一样，你也不可能指望自己的意志力足够强大，每天都保证昂扬向上的精神。

当你有意识地对自己说：我一定要努力，我一定要做得比现在更好。实际上你就是在有意识地进行自我管控，这会大量而迅速地消耗你的能量，当能量消耗得差不多的时候，大脑就发出警报信号，逐渐减少甚至取消对这种管控行为的能量供给，这样的话你很快就会感到自己没有力气维持这种状态了。

而且，职场还是一个很特殊的地方，它本身就有利于能量的消耗，而不利于能量的持续使用。职场特殊在哪儿呢？从某种角度看，职场很像一个巨大、繁忙、人来人往的机场。

我第一次坐飞机是在很多年前，那时候坐飞机还是一件高大上的事情，甚至有的同事坐完之后，还会把飞机上的小食品带回来送给别人分享。可是我只记得机场里有很多人，记得自己紧张地盯着半空中的显示屏，跟着其他同一航班的乘客走，生怕自己丢了坐不上飞机，一只手还紧紧抓着自己的行李箱。

为什么机场这种地方很容易让人迷失，甚至平时很细心的人也会丢东西、忘事情？因为机场这种地方会把平时不经常出现的信息，一股脑儿地在短时间内全部传递给旅客。旅客看到的是海量的人，听到的是各种各样嘈杂的声音，能量的消耗比平时增加了一个数量级，大脑很容易就像电脑死机一样运转不灵。如果在机场你还带着孩子，拖着两大箱行李，你就更不可能关注别的事情了。

在不熟悉的机场坐飞机，那种体验和新人初入职场的感受差不多。你来到一个全新的环境，接触到全新的同事和上司，适应公司新的流程，甚至是新的开水间和新的食堂。这还不算完，你还需要面对各种各样的任务，而你并不完全理解这些任务的含义。好比一个旅客来到机场，不仅要托运自己的行李，还要在大厅的各个窗口排队盖章，而你完全不理解这些章有什么意义，你会不会更加抓狂？在你忙得焦头烂额的时候，突然有人塞给你一面小黄旗，让你开始带一个来自四面八方的人组成的旅行团，这时你又作何感想？

很多人都反映，自己在家的工作效率要远远高于在公司的办公效率，这是因为在家不会有那么多冗余信息干扰你。而且重要的一点是，如果你在家就能好好工作，说明你对工作没有什么抵触心理；而只能在办公室工作的人，很有可能是需要用赶公交——打卡——坐在办公桌前等一系列仪式化的动作，促使自己进入工作状态——他本身可能并不想工作，只是通过习惯的养成让自己进入工作状态而已。这样的效率自然比不过主动工作的效率。

全部精力都用来适应环境和处理新信息的职场新人，很难具备多余的能量来领导团队作战；如果你已经上了飞机，系好了安全带，放好了行李，叫来空中小姐给你一杯饮料，之后再考虑自己想换个位置，可是这时候还有你喜欢的空位吗？这个时候，所有的人都已经按部就班坐在了自己的座位上，商务舱、经济舱，满满当当，你想换位置，只能瞪大眼睛搜寻哪里还有空位，或者想办法找别人和你换位置。在职场上也是一样，你想从容不迫地升职加薪基本没有可能，你只能跌跌撞撞地前进，前进两步，后退一步，当机会偷偷向你招手的时候，克服心中的恐惧，把它抓到手，哪怕面对远远超出自己能力的机会，也要考虑再三，是否要冒一次风险。

如果你想在巨大的机场里保持自己的冷静，同时获得飞机上更好的座位，你就必须像锻炼身体一样锻炼自己的意志力和进取心，这样你就能榨取自己的剩余能量，为将来稍纵即逝的机会做准备。想要从人手中脱颖而出，就要尽量拥有和别人不一样的东西。

## 流水线时代一去不复返

最近几年我们经常讨论的一个话题，就是刘易斯提出的“人口红利”。有的人认为人口红利已经跃过“拐点”，有的研究者则认为接近“拐点”。所谓人口红利，就是劳动力在整个人口中的比例比较大，能够产出更多的东西，有利于经济的发展。通俗地讲，干活儿的人多，没有劳动能力的老人和孩子这样不能干活、需要别人养活的少。大家都在关心人口红利的问题，是担心随着我国近几十年来出生率的下降，劳动力会供给不足。

但这明显和我们在市场上招聘时候的直观感受不同：哪里人多？我们公司明明是招不到合适的人啊！

实际上这里有一个思考的盲点，能递交简历到我公司应聘的，基本都是大学生，也不乏硕士、博士，但是大学生远远不是人才资源市场上的全部。媒体每年对大学生就业问题的高关注度，造成在就业市场上，我们更关注大学生这一群体，实际上，没有接受过高等教育的人才是大多数。查一查资料可以得到一个大概的数据。2014年，全国高校毕业生人数大概有727万，比2010年增长了差不多一百万人。那么727万毕业生占全部同龄人的多少呢？2014年毕业的学生，差不多都出生在1990年前后，1990年出生了将近1875万人，这样算下来，差不多只有三分之一的人接受了高等教育，这还是在高等教育大幅扩招的前提下实现的，此前的二十多年间，显然比例更低。所以如果你上了大学，不管这所大学多么不起眼、不出名，在接受教育这一点上，你已经超过了三分之二的同龄人了。而根据2010年第六次全国人口普查，全中国具有大学（指大专以上）文化程度的人口为119636790人；具有高中（含中专）文化程度的人口为187985979人；具有初中文化程度的人口为519656445人；具有小学文化程度的人口为358764003人。这些数据还包含了各类学校的毕业生、肄业生和在校生。而我们当时全国总人口是多少？1370536875人。大专以上人口连全国人口的9%还不到。

也就是说，我们的教育质量还需要大幅度的提高，我们学校培养出来的人才应该更适应社会的需求，数量上去了，质量也要上去。如果只考虑数量，不考虑质量，那么印度应该是最大的人口红利国家，而不是中国。在这个新的时代，万众创新，大众创业，市场需要的是更高层次的劳动者，而不是更多的劳动者。在这种趋势下，恐怕我之前说的公司90%的价值由10%的员工创造也不准确了，未来是否有可能99%的价值由1%的人创造呢？这并不是危言耸听。谷歌一共有57000多名员工，这家公司2014年的净利润有139亿美元；福特汽车公司有170000多名员工，净利润将近32亿美元。比较一下，谷歌每名员工创造的利润是福特汽车公司员工的13倍，难道说谷歌的员工真的比福特的员工优秀13倍吗？要知道，这两家都是世界知名的公司，他们的员工，至少高层员工不应该有这么大的差距，造成这种差距的主要原因是什么呢？面对这种对比，我们需要认真思考一下。

之前我们市场上需要的员工很多是在流水线上工作，他们的辛勤劳动创造了一个又一个商业奇迹，但随着我国经济的转型，流水线时代一去不复返了。在拉开大幕的新时代，新的职场人必须提高自身的质量，寻找到自己不可替代的位置，不然的话，恐怕想做一个人手都不可得。

# 人才的短期坚持与长期进步

## 成为人才并不难

虽然我一直在强调人才的难得，可其实人手并不难变成人才。因为虽然人才有一定的标准，但其实在特定时空中，人才是一个相对的概念。也就是说，此时此刻，在你的公司里面，你是不是人才，大部分是由你和你的同事对比出来的。

就像那个著名的寓言故事：两个人结伴在森林里走，突然跑出来了一只熊。一个人立刻蹲下系紧鞋带，另一个对他说：你还想比熊跑得快吗？那个人回答说：不，我只想比你跑得快。

在一个企业里，老板实际上是很难按照自己的意愿来招人的，即使他集经理人和所有者于一身也不行，越是时间短的企业这种情况越突出。原因很简单，在企业刚起步的阶段，老板很难提供有足够诱惑力的价码，吸引那些最优秀的人才，即使有少数人为了良好的前景放弃目前的收益，也很难持久。到了公司有一定发展的阶段，老板又需要更高层次的人才，一个上百亿的公司不可能去寻找管理几百万公司的经理人。所以说这个矛盾不是能一劳永逸解决的，而是不断动态发展的。在一个快速发展上升的公司，人才总是不够的，总是处于“半饱”的状态。当然，在一些已经很稳定的公司，大部分人都是螺丝钉，除非你有特殊的机会和超强的能力，否则很难逆流而上。如果你属于那种牛人，你也不在我讨论的范围之内了，剩下的内容你不需要看。

由于公司始终处于对人才的渴望中，所以你的目标并不高，只要比同事们高一点点就行了。我常说：你是否能超过别人就在于周末，平时你干别人也干，你又不比别人聪明多少，拉不开差距，你只有在别人休息的时候多干一点，才会比别人高出一筹。别小看一小时两小时的时间，积累起来是非常可怕的。如果你真的想要成为一个人才，你必须比别人多付出。在人手这个阶段，还涉及不到太多方向性的问题，努力的程度更重要。根据我的观察，一般一年时间左右，就能看出明显的差距，如果再加上善于观察、勤于思考，这差距会更大。

有人可能会说，暂时的差距没什么，彼此之间不可能产生实力的鸿沟，在这个职场上，总会有机会赶上的。但我告诉你，不需要鸿沟，甚至一条小水沟都不需要。当你比同事优秀10%的时候，你获得的机会将会是100%。这让我想起了美国的总统选举。2016年又是美国总统选举年，各种消息已经是沸沸扬扬了。美国总统选举采取的是选举人团制度，每一个州是一个选举人团单位，它的特别之处在于“赢家通吃”制度（thewinner-takes-allsystem）。每逢大选的时候，美国每个州的选民都直接对总统候选人投票，赢得多数的候选人就赢得了这个州的选举人票。换句话说，一个总统候选人不管是赢了对手1%还是50%，他都是胜利者，而且胜利的幅度一致，都会拿下这个州所有的选举人票。而不会出现每个选举人按比例赢得票数的情况。职场很多时候也是如此，职场上没有分蛋糕，所谓利益妥协只在实力相当的时候才出现，它更像一个赛场，你只要比别人快0.01秒，比别人高0.01公分，你就是完全的胜利者，没有人能与你分享胜利的果实。在这种情况下，为1%的优势付出100%的努力就是最理性的选择。

我希望每个年轻人在步入职场之前，就预计到这场旷日持久的竞争的残酷性，真正理解“不要输在起跑线上”这句话的意思，希望每个人都努力成为团体中最优秀的一部分，因为世界这么大，你无法预知别人将会有多出色，在这种情况下，唯一的道路就是提高自己的努力程度，首先做得比你身边的人好，进而争取赢下那1%。

## 永远在路上

人才的进步是一个长期的过程，行百里者半九十。每一个人才的产生背后都有一个漫长的蛰伏期。在职场上，我也遇到过一些“天才”“明星”，可惜结果往往令人失望。上面说过，企业对人才的渴求是一个长期动态的过程，人才的进步也是一个长期动态的过程。在这个过程中，我有以下几点感想。

首先，一个人才总是会脱颖而出的，区别只在于是在这个企业脱颖而出，还是在那个企业脱颖而出。所以，不要被暂时的不得意压倒，你应该考虑的不是搞定眼前这个领导，而是如何规划自己的职业道路。很多人将自己的职场目标具体化为某一个职位，这不能说买椟还珠，至少也是舍本逐末。确有能力，因人设岗也不是不可以，没有能力，在哪个岗位也只能尸位素餐。在某些体制比较僵化的企业里，职位更成为待遇的代名词，我相信，这种企业早晚会被市场淘汰掉。在成为人才的漫漫征途上，路边的风景再美，也比不过前方壮丽的山河给你的震撼。

其次，人才的道路不尽相同，不要害怕和别人走不一样的路。我曾经有一位同事，十分擅长追赶潮流。这个潮流既是市场的潮流，也是公司内部的潮流。无论领导现在喜欢什么，偏向于哪一领域，他都能十分迅速地做出调整，拿出相应的业绩。应该说这也是一种天才。可惜天才是少数，普通人要学天才做事，一定会死得很难看。平常人看别人炒股就炒股，看别人炒房就炒房，我们都知道这会有什么后果。在职场上也一样，很多人觉得别人能做的事情自己也能做，只不过我不去做罢了，要做一定比别人做得好。其实呢，很多事情，哪怕再简单的事情，只有伸手去做了，才能发现其中有多少隐藏的困难，有多少突发的情况，有多少意想不到的难题在等着你。在现代社会以前，我们从来不觉得做父母这件事情还需要教育，可是我们现在有很多教导父母的课程：婴儿哭了要不要抱着，孩子跟父母还是跟爷爷奶奶姥姥姥爷，孩子不想去幼儿园怎么办，孩子青春期逆反怎么办。这些问题从来都存在，只不过我们以前没把它们当成问题。随着我们自己做了父母，我们才开始正视这些问题。

我们身上有做父母的本能，我们身上有干好职场的本能吗？没有。我们很多深层次的本能还是在穴居的时候养成的，根本不大适应现代生活的需求。或者说，我们的世界发展得太快了，很多基因根本没来得及淘汰。很多人都为减肥而苦恼，可是看见高糖高脂肪的东西就是想吃，有些人对巧克力毫无抵抗力，有些人对烤得滋滋冒油的肉串恋恋不舍。这是因为，在我们原始人老祖宗看来，巧克力啊羊肉串啊都是好得不能再好的东西，吃下去能给身体带来多少热量啊，能扛几天饿。原始人可是经常几天也吃不饱饭，见到这种好东西的第一反应就是快点吃，有多少吃多少。吃得快吃得多的原始人才能生存下来，成为现代人的祖宗，每一个现代人的身上都带有吃得快吃得多的基因，也就很难抵抗那些对减肥不利的食物了。医学研究表明，我们身体的各项指标到三十多岁之后就开始下降了，换句话说，我们身体素质的巅峰就在三十多岁，那我们以后的几十年怎么办呢？为什么我们的基因决定了我们身体会这样发展呢？为什么不把身体的巅峰推后呢？三十几岁在职场上来说，正是建功立业的时候啊。实际上，从原始人的时代开始，能活到三十几岁，基本上就该面临死亡了。基因设计的人类，只是一种活上二三十年的机器，而不是现在平均寿命七八十岁。所以就不难理解，为什么我们的身体会呈现这样一种发展曲线。可是我们不能跟着基因来，我们必须适应现代生活，适应现代职场的需求，所以我们还是要努力减肥，同时努力做一些违反直觉的事情。与众不同就是一种违反直觉的事情，但是在职场上，它也有很大几率代表着成功。

还记得“人才永远是短缺的”那句话吗？因为短缺和稀少，所以人才身上的品质自然也是稀缺的，当你与众不同的时候，恭喜你，你至少有一个理由重新审视自己，也许你已经走在蜕变为人才的道路上了。

## 长期有多长

成为人才是一个长期的过程。那么问题来了，长期有多长？

不同年龄段的人对时间的概念是不同的。小时候总觉得时间过得很快，长大工作之后就觉得时间过得很慢，但退休之后回头，发现大半辈子过去得又很快。一个人假设六岁吧——现在的孩子都比较早熟，对这个世界认识得早，六岁的人已经对世界有很强的感知能力了——过去一年之后，他的生命其实延长了六分之一；到了二十五岁，再过去一年，他的生命只延长了二十五分之一。这两种感受当然是不一样的。前一阵引力波很火，爱因斯坦又成为大家关注的焦点之一。曾经有一个记者让爱因斯坦解释一下自己的相对论。相对论这样复杂的理论怎么能用一两句话解释清楚呢？爱因斯坦也很聪明，他和记者说，你可以这样来理解相对论，如果你和一个美女坐在一起，那一个小时就像一分钟那样短；如果你坐在燃烧的火炉旁边，那一分钟就像一个小时那样长。

举这些例子是想说，不同的人对时间的概念是不一样的，对“长期”这个概念也是不一样的。首先你要思考一下，如果你有希望成为一个人才，你能接受多长时间的等待：一年，三年，五年，还是十年？

有句话说得好，现在的人与过去的人最大的差别是，过去的人要成功，现在的人要马上成功。所有成功学的忽悠，包括那些专骗老年人的保健品忽悠，都离不开一个“性价比”——少花钱多办事，甚至狠一点的，不花钱也办事。在职场上，因为你根本没有多少资本，所以“钱”对你来说就是“时间”。这个问题就变成了：你愿意付出多少时间来成功？对你来说时间和成功的比值是多少？

每个人的家境、教育背景、生活压力和人生追求不同，有的人只能等上一年，有的人可以等上三年五载。我只想说，任何事情经历之后回头看都是飞速的，都是白驹过隙一样就从你身上经过了。在我们生活中发生的大部分事情你只是遇到，只要接受，并不会理解。从人手到人才，这个过程对任何一个人来说都会是漫长的。因为提升自己是这个世界上非常难的一件事情，其难度和减肥差不多。借用爱因斯坦的理论，当你做一件对你来说有很大难度，甚至让你感到痛苦的事情时，你必然会觉得时间变得如此漫长。这和实际的时间长短没关系，这个向上的过程本身决定了你会“觉得”时间很长。

不过幸运的是，从人手变成人才没有名额限制，一年只能有多少变成人才，也没有比例限制，只有百分之多少的人才能成功，也不是零和游戏，别人成功你就不能成功，而是少有的主要看你自己努力程度的成功类型之一。在这么多有利条件下，你面对漫漫长路是不是也不像开始那么恐惧了呢？所谓恐惧，都是对未知领域、未知事物的反应，你并不是害怕黑暗，而是害怕黑暗中有什么你所不知道、不了解、无法控制的东西。这时候可以用刨根问底的方法来解决。我害怕黑暗。你害怕黑暗的什么？我害怕房间里黑乎乎的一片什么也看不见。看得见的时候，房间里有什么？椅子、衣柜。你害怕椅子和衣柜吗？不害怕。

同样的道理，你只是害怕长期进步中那些你未知的困难，你可以想办法具体地描述它们。比如同事的嫉妒、领导的误解、突如其来的重要任务、不尽如人意的工作成果、莫名其妙的失误、公司方向的改变，最后，大不了是公司的裁员和倒闭。

一旦你描述清楚这些东西，你就会放下心来：也不过如此嘛。这些东西并不比早上八点钟地铁坚硬如铁的人流可怕，也没有夜幕下小吃一条街混杂的人、动物和食物的气味难闻，也许老板开会的脸色要难看得多，但工资条上的数字也要更加震撼人心。而这些将要来还未来的东西，只不过是你漫长生命中的一步，很多你甚至不用费心去解决它们，这些事情就像地铁里从你身边挤出去的人，你还没缓过神来，他们已经一去不回头地离开了你。

# 人物的短期压力与长期业绩

## 用实力好好说话

是骡子是马拉出来遛遛，这是一句古话，现在的人可以翻译成“用实力说话”。这句话无论用在人手、人才和人物身上都合适。展现实力，永远是让人闭嘴的最好方式。人与人之间，最大的问题就是信息交流的问题，通过自己的业绩传递的信息是最有效的：我确实是一个人物。怕的就是信息不对称。

什么是信息不对称呢？所谓信息不对称可以用借钱来打比方。虽然随着支付宝、微信支付的普及，现金用得越来越少了，但是毕竟还不能完全不用。假设我到任何一家国有银行去取钱，结果银行提前关门，我没取到钱，但是我不会产生任何心理负担。因为我对银行的信息，特别是国有银行的信息比较了解，知道不会出现什么意外情况，只是今天我运气不好而已。可是如果我穿越回去，到了20世纪二三十年代，在一家私人银号里存了钱，再遇到这种情况，我就不可能这么淡定了。因为银号的信息我是没法掌握清楚的，我不知道银号的老板是不是“跑路”了，如果有小道消息说这家银号出现了挤兑现象，我一定会担心自己的资金安全，跑去提取自己的存款，我的行为又会传染给其他人，其他不了解信息的人会做出同样的选择。没多久，这家银号就支持不下去了。这就是信息不对称造成的问题。这个问题可大可小，但具体到每一个身上，后果都很严重。

具体到职场上，充分向你的直接领导和你的老板传递信息，或者叫展示自己，也是非常重要的。这正应了那句古话：干得好不如说得好。如果老板对你没有足够的了解，会造成两方面的困难。首先在提拔你之前，他不清楚你究竟有多大能力，也不知道该不该提拔你。不要笑，安排合适的人到合适的岗位上是一门高深的学问，很多人一辈子也摸不着门。所以很有可能，老板提拔你之前自己也不知道这个决定是不是合适。在信息不对称的情况下，你的老板没办法对你建立起足够的信心，或者说这个信心非常脆弱，稍有风吹草动就会动摇。而一个人刚被提升到新的职位，很难不犯错误，甚至以前同事传个小话，也会让领导心里犯嘀咕：我提拔他到底做对没有？其次，即使提拔了你，老板也还是没法放手，经常会对你加以更多的关注和指导，这也会让你十分难受。

改变职场信息不对称，不仅要“用实力说话”，更要“用实力好好说话”。我在这里并不是让我们的年轻人没有进入职场先学会做样子给领导看，完全不是这样，我是想告诉他们：你的业绩最终要通过信息反馈到你的领导那里。当你已经成为一个人物的时候，这种反馈就不仅仅是朝向领导的了，更要向下反馈，反馈给那些你领导的人，还要向外反馈，反馈关注你企业的那些人。如果你领导的是一家上市公司，那么你自然要向股民、向投资者有所交代。能力越大，责任越大，一个人物，不仅要向上负责，还要向下负责，因此他的压力也就可想而知。这种压力在短期和长期的表现不同，短期压力集中，长期压力除了需要拿出漂亮的业绩之外，还需要迅速处理信息的能力、公关的能力，每一种能力可以说都是从血的经验教训中总结出来的。每过一关，都需要天时地利人和，都需要一点点运气，所以说成人物，成角儿，不是挨多少打就行的，有时候必须秉持一种不问结果，只问过程的精神。只有这样你才能有那么一点希望。

## 誉满天下，谤亦随之

在人物这个层面，你所感受到的压力绝非前两个层次可比。这时候你的一举一动、一言一行，都会影响到很多人、影响到很多事，这不以你的主观意愿为转移。所以你更要谨言慎行，因为现在你的身上有更多的眼睛盯着，所谓誉满天下、谤亦随之。

我有一位老领导当年也是叱咤风云、纵横捭阖的人物，对职场人物也经常有独到的点评和议论。有一次我问过他，最佩服谁，最欣赏谁。他的回答是：我最欣赏的人是李鸿章。我问老领导为什么，因为在一般人眼中李鸿章不是个正面角色。老领导主要是从处理事情的本领上来评价的：人们对李鸿章可能没有多少好话，他也做过很多错事。但是我们看人应该看他的长处，否则只会站在高处批判别人。李鸿章办了很多年洋务，我也做过“洋务”，所以有的时候我能理解他。李鸿章有一种特殊的能力，那就是在错综复杂的事务中平衡各方，最后把事情办成。李鸿章1896年去了一次美国，那是美国第一次接待来自中国的重要人物。李鸿章在美国引起了轰动，当时美国的主要报纸都连篇累牍地报道他的行程，很多美国的名流都来拜访他。传说有一次李鸿章招待外国客人，菜都吃完了，可是客人还意犹未尽。李鸿章灵机一动，让厨子将剩菜撤下去，重新回锅烩一下，装在大盆里端上来。客人们一吃纷纷叫好，对李鸿章说：李大人，你们中国的菜真好吃，可是就有一个问题，总是把最好的菜放在最后。不知道这道菜叫什么名字？李鸿章听到这个问题，灵机一动，说这道菜叫“杂碎”。后来这道菜就以“李鸿章杂碎”的名字传播开来，成为中餐馆的一道保留菜肴。李鸿章留下了一道经典菜肴，他做的事情很多也都像这道菜一样是大杂烩，但他就可以把杂烩做得这么好吃。在这其中肯定有很多忍辱负重的时候，我能够理解他。

听完老领导分析李鸿章，我又问他对职场中很多人特别重视风评怎么看。他说我把康熙的一句话送给这些人，这句话是：一身正气，满嘴天真。现在很多人就是这样一身正气，满嘴天真。这没有用，不够档次。国家利益和你个人的豪情壮志完全是两回事。职场也好，工作中也罢，现状就是天真的人很多，真正的操盘手很少，只有真正的操盘手才知道事情的平衡点要怎么来弄。只有这些人，才是真正干实事的人，一个人要想成为人物，别人怎么说是次要的，有些人长了一张嘴，唯一的功能就是说别人的坏话。这些人决定不了你成为人才，也阻碍不了你成为人物，对他们你唯一要做的就是视而不见。一个人的作用越大，位置越高，他集中的目光也越多，这是避免不了的。誉满天下，谤亦随之。很多当下让你揪心、气愤、不平、难过的事情，过后看都是一些鸡毛蒜皮的小事，你应该扩大自己的格局，而不是缩小自己的心眼儿。

所有的压力中，最令人心烦的往往是来自领导的。我刚入公司的时候有一位同事，能力不错，也热爱工作，就是有一点锱铢必较。他对领导处理问题的一些方法不满意，就觉得领导是在故意打压自己，忍不住常常在同事之间抱怨。慢慢地，他有了一种受害者心态，认为自己是对的，是正确甚至正义的一方，而领导是错的，是代表体制弊端和邪恶的一方。从此他和领导之间就永无宁日。

近年流传的一句话：你又不是人民币，不可能人人都喜欢你。我觉得可以修改一下：你又不是取款机，没人永远正确使用你。有些人对待领导的态度很奇怪，他们蔑视和鄙视领导的能力，但遭遇什么问题又指责领导，既然你已经对领导者有了很低的评价，那他做出什么样的“愚蠢”决定，难道不都在你意料之中吗？

人在这个世界上能改变的东西不多，但是还是有一些的。如果一个在你眼里愚蠢、贪婪、不公正的领导能够把你压制得死死的，那你可能是个好人，但称不上一个人物。在我们成长为人物的道路上，最常遇见也最应该克服的困难就是人。如果你的同事是低级考验，你的客户是中级考验，而你的老板就是高级考验。在电子游戏中，考验是不断升级的，从低级到中级，从中级到高级，在职场上可不是这样，低级、中级、高级，各种考验一块来。对初入职场的你来说，每通过一个考验，恐怕都得费上九牛二虎之力。

在一个真正的人物眼中，看到的应该是未来和远方，是非毁誉都是清风过耳，“他强任他强，清风抚山冈，他横由他横，明月照大江。”最后奉送所有年轻人最近很火的一句歌词：“生活不止眼前的苟且，还有诗和远方的田野，你赤手空拳来到人世间，为找到那片海不顾一切。”

## 高大上故事的背后是朴实

我在北京曾逛过一家高档超市。这家超市开在使馆区附近，周围的小区也都是新修的。超市里摆满了各式各样的进口食品，包括牛排、火腿、奶酪，成排的葡萄酒和番茄酱，各种香料，等等。我之前是个土包子，而且买菜这种事情几乎没怎么干过，也从没有像老婆一样，觉得逛超市有什么意思。老婆不一样，她不仅喜欢逛商场，同样也喜欢逛超市，她说好的超市和商场一样，能给人带来视觉和精神上的愉悦。以前我理解不了，直到我逛了这家超市以后，发现排列整齐的商品和舒适的购物环境，确实能给人一种快乐。虽然我不会去买架子上那些商品，但是我从商业的角度觉得，当初开这家超市的人一定不简单。

一开始我以为这是一家外资企业，还看着超市的外文名字琢磨了半天，结果一问朋友，他大笑着告诉我这是一家地地道道的中国企业，老板就是地地道道进城做小买卖的农民。这不禁让我大吃一惊。原来这家超市的老板很早就和老乡一起来北京打工，做过临时工，做过小买卖，承包过小饭馆，最后开了一个小蔬菜水果摊，就是那种老小区门口经常可以见到的，一般也就三五平方米大小。在一个偶然的机会下，有外国人来这个小摊买东西，后来便成了常客。老板敏锐地发现了在北京的外国人对进口食品的需求。那时候不像现在，想要买到这些东西是一件费时费力的事情。未来的超市老板决定关掉自己的小摊，开一家真正的商店，针对这些客户，提供优质的服务。万事开头难，一开始进货渠道不多，老板自己也不知道该从哪儿买到顾客需要的产品，只能一点一点摸索。整个商店只有几十种产品，排放也只是堆起来，还谈不上什么购物体验。但是因为稀缺性，很快就开辟了市场，之后滚雪球一样越做越大，慢慢发展成现在的样子。老板最初连一个英文字母也不认识，到现在已经能操一口流利的英语，和客户谈论红酒，自己跑到外国的食品展览会上寻找新的货源。

听完这个故事，我又想起了那些关闭的菜市场，北京东单菜市场、西单菜市场、崇文门菜市场和朝内菜市场相继关闭或迁移，它们曾经被称为京城四大菜市场；天津长春道菜市场占地面积超过3000平方米，曾经长期为周围数千居民服务，也歇业关停；上海建国西路嘉善路菜市场有16年的历史，因租赁到期关闭；杭州小南门菜市场关门停业……其实菜市场也可以做得更加“高大上”，甚至可以做成城市地标。

你还别不信，西班牙巴塞罗那有一家圣卡特琳娜菜市场，因为特色突出、集中体现了当地的风土人情，已经成为巴塞罗那一道亮丽的风景线，有人称它是“阳光下的珍奇美味”。每年都有大量的游客来到圣卡特琳娜菜市场参观游览。圣卡特琳娜菜市场一年有近400万人次的客流量。很多时候，每一个高大上的故事背后都是朴实，圣卡特琳娜菜市场在当地人眼中不过也就是一个历史悠久一点的菜市场，我和朋友逛的高档超市最初也不过是一个小菜摊，但是只要坚持自己的本色，一样能发展成为高大上的东西。当你努力挤进人才超市的时候，别忘了自己当初在人才菜市场的日子，价格虽然有所不同，但是品质不应该有所差异。

# ANSWER

## 不是答案的答案

### 你永远要面对一条阿尔法狗

2016年3月，谷歌旗下的人工智能AlphaGo（有人戏称为阿尔法狗）在围棋上挑战前世界第一的李世乭。赛前不管是围棋界人士还是普通观众，大多认为李世乭会轻松获胜，因为当1997年IBM的超级电脑深蓝战胜国际象棋世界冠军卡斯帕罗夫之后，很多人把围棋看作人类智慧在电脑面前最后的堡垒，并坚信这座堡垒即使不是不可攻破的，电脑也需要几十年的时间才有胜算。而李世乭在采访中也说：当初认为直觉比人工智能更准，自己会5∶0胜出。现在听了介绍，对AlphaGo多了解了一些，和自己的想象是有区别的，稍微感到些紧张，虽然很少犯错，但如果犯了就可能会输。不过，我还是认为自己胜算更大一些。

结果让人大跌眼镜的是，AlphaGo以4：1的比分，干净利落地将李世乭击败，在围棋世界排名中，已经到了第二位，仅次于中国选手柯洁。可以说AlphaGo给了全世界一个惊喜，或者说惊吓。

微软创始人比尔·盖茨表达过这样的意思：人们总是高估科技在短时期内的发展，低估科技在长时期内的进步。在深蓝之前，人们对电脑能够战胜国际象棋大师嗤之以鼻，甚至有人说，在一对五十的情况下，人类国际象棋大师喝醉了，才有可能让电脑赢下一盘。随着深蓝的胜利，人类逐渐认识到自己赖以自豪的智慧并不是这个星球上独一无二的，开始对人工智能谨慎了很多。但是AlphaGo的这次胜利，依然让很多人感到难以接受。他们不能接受自己以前崇拜的圣殿的倒塌，也不能接受面对人工智能的恐惧。

实际上，AlphaGo究竟有什么可怕的呢？AlphaGo带来的冲击难道还能超越前几次科技革命吗？AlphaGo的原理很高深，一般人是很难弄懂的。他们对AlphaGo的情绪只是基于媒体传递给他们的以下几个印象：AlphaGo没有任何人类的情感，是的，你不能指望设计出来的“机器”具有人类的情感。而人类“非我族类其心必异”的观念是极为固执的，甚至是扎根在潜意识里的。其次，AlphaGo具有强大的力量，能够将人类在某一领域的代表李世乭击败，特别是这一领域还长期被认为是人类智慧的高峰。一个强大而又难以理解沟通的东西，自然会激起人心底的恐惧感。还有一点，AlphaGo是个商业公司谷歌制造出来的，换句话说，一切不以赚钱为目的的商业活动都是耍流氓。以前自动机床出现的时候，很多人哀叹工人要失业了，现在AlphaGo出现了，它将要取代的可能是文化、艺术等等人类最后没有留给机器的领域，今天是下围棋，明天会不会是谱曲、写小说、平面设计呢？以前已经有机器人写稿、机器翻译的存在，但那毕竟还太粗糙，还不足以构成太大的威胁。这怎么不会让人感到不寒而栗呢？我们现在的社会正以前所未有的速度将很多人抛在时代的脚步之后，这已经够可怕的了，现在又蹦出一个AlphaGo，每个人都深深感到了自身的渺小。

这里我要大言不惭地说一句：AlphaGo其实并不可怕。长久以来，其实我们每一个人都会面对AlphaGo的挑战。AlphaGo只不过把这种挑战具体化了。AlphaGo没有人类的情感？我们的老祖宗很早之前就说过：天道无亲。人类来到这个世界上，就是一个认识到这个世界与自己相异的痛苦过程。刚生下来的婴儿，并不知道吃的脚丫是自己的，也不知道世界运行的规律不以自己为转移。整个人类也是一样，在成长的过程中，我们认识到自己不是宇宙的中心，也不是上天的宠儿，只是亿万物种中的一个。以这种胸怀和气度来看，所谓AlphaGo的无情，不是正合大道吗？你会去抱怨太阳每天升起而不顾你的心情吗？当你在职场上遇到上司提出不合理的要求时，你又何尝有讲道理的机会？既然AlphaGo和我们现在遇到的处境如此相似，那又有什么好怕的呢？任何高度发达的科技看起来都像是魔术，AlphaGo也不例外，你要做的只有接纳它，并不因为它的力量和“无情”而心怀恐惧。

很多人没有这么深刻的恐惧，即使有，也被更现实的恐惧所压倒：AlphaGo会不会让我失业？不会，当下或者说以后一段时间，被取代的会是旧行业中重复、机械化的劳动，人类的创造力只会被更大限度地解放出来。你作为一个人的价值也会得到更大的体现。这不是乐观的自我欺骗，而是每一个科技革命历史进程所证明了的。这个过程当然是极为痛苦的，但却是不可阻挡的，所谓历史大势浩浩汤汤，顺之者昌逆之者亡。

记住，你永远会面对一条阿尔法狗，问题只是应该如何面对。在职场的成长中，你将面对无数你难以控制、只能适应的X因素；你将会面对众多不仅“无情”“无理”，而且怀有“恶意”的人和事，你该怎么办？害怕、退缩还是想办法面对？好好用一下你的“人类智能”吧，相信会比“人工智能”更好用。从人手到人才，从人才到人物，你永远走在一条不进则退的道路上，如何发展自己，才是每天起床应该思考的问题，不要去想那些你不能左右的因素，而要关注自身的成长。一个人手考虑的问题，在人才看来就不是问题，一个人才担忧的事情，在人物看来可能不值一提。进入职场之后你会发现，客观的困难很多，但与千变万化的“人”相比，都不重要。不管进人才超市还是人才菜市场，都同样如此。我希望每一个进入职场的年轻人，都能够从人手变成人才，都怀有成为人物的希望。记住，希望和未来是年轻人最大的资本。

# 第二章

# 人力资本比房价涨得还快

# QUESTION

# 职场第二问

## 在这个社会上，你想走多远、多高？

有这样一句话，一个人走得快，一群人走得远。在这个社会上，你想走多远、多高？你想用什么样的方式开始你的征途？

可以说，一个人出生之后，他的家庭条件、背景已经决定了他大部分的前途。一个在非洲战乱国家出生的人想要在美国的硅谷出人头地是很难很难的。刨除这种极端的例子，我们大多数人的条件其实差不多。一个初入职场的人会发现，自己的同事差不多都是和自己一样的条件：差不多的学校、差不多的学历、差不多的工作经验。人以类聚物以群分这句话还是很有道理的。人往往在不自觉地寻找和自己差不多的人，寻找一种认同感，寻找一种安全感，谁也不比谁高多少，谁也不比谁差多少。这种特性一方面可以让职场新人更快地融入到新的环境中，在某些专业性比较强的领域，你可能会遇到很多自己的师兄师姐，这样传帮带的结果，会让你更快上手工作。但有时候，这种抱团取暖的方式也会让你有温水煮青蛙的危险，让你很难再主动地跳出这个舒适圈。

在这个社会上，你想走多远、多高？你如果不想站在职场的门口就看清自己一辈子的发展，那你就要仔细地思考一下，接下来几十年的职场生涯究竟要怎样度过？你要走一条怎样的求职路径，要如何投资自己，要怎样把自己的天赋发挥到最大，要怎样为将来的职业发展奠定基础，要怎么积攒精神的力量为将来的事业长期奋斗？

普通人在职场上，所拥有的东西不多，可能唯一拥有的就是你自己的知识、经验、能力和努力。面对激烈的职场竞争，很多人可能感到无力，感到自己的渺小，渐渐失去对自己的自信。别人在朋友圈晒一下旅游照片都可能给你带来更大的压力，你不知道自己怎样做才能摆脱不如意的现状。在这种情况下，你要冷静地认识到：其实你自己就是你最大的资本。你的人力资本虽然不多，但是拥有极大的成长性，换句话说：未来是你们的。

如果你吃完饭身上只有一个铜板，那也要用这一个铜板好好做做理财。更何况，你所拥有的是更宝贵的东西。在这个时代，人的力量正不断被发掘出来。小米公司的雷军是一个成功的企业家，可以说是当今中国新兴产业的领军人物之一。他参加两会的时候，连续两年提出了对现行《公司法》的建议。通过这些建议，我们可以看出在雷军眼中，人才究竟是一个什么位置，究竟有着怎样的重要作用。《公司法》是基础性的法律之一，对规范经济活动有着重要的影响力。雷军认为现在的《公司法》某些地方需要修改，以便更好地适应经济的发展。他主张“修订《公司法》回归自由约定，公司章程推行工商备案制”。雷军认为回归到自由约定有利于创新产业的发展，也有利于大众的创业。所谓自由约定，通俗地说，就像雷军说的：“你们两个谈好了是多少就是多少，你出多少钱，你占多少股份，是谈出来的，不应该用法律来约定你出资多少占多少。”

雷军认为《公司法》应该允许人力资本的自由约定，最重要的是要接受人力资本作为出资形式，也就是说人才本身能作为一种重要的生产要素参与到生产中去，并得到合理的回报。雷军所在的行业，人力成本已经逐渐成为最大的成本构成，人的创新在企业发展中起到越来越大的作用。雷军敏锐地察觉到了这一点，提出需要在制度上保证人才的收益，这样才能吸引更多的人才前仆后继地投入进来，给整个行业带来更大的发展。

人才的价值在任何一个行业都是毋庸置疑的，对个人来说，你更应该好好珍惜自己这唯一的资本，不断积累、学习，期待有一天在职场上大放异彩。

# 比房价涨得快、更保值的人力资本

## 在房价飞涨的背后

一件事情，全国人民都关注，除了中国男子足球国家队之外就只有房价了。刚进公司的小伙子说：中国男足你还可以不关注，但房价你不关注，你的丈母娘还是要关注的。2016年春天，各地的房价，特别是北上广深这几个一线城市的房价，也迎来了又一个“春天”，坐了火箭一样“噌噌”地往上涨。

根据国家统计局发布的数据，全国70个大中城市房价涨幅扩大，其中北上广深四个一线城市有非常明显的上涨，房价上涨幅度领跑全国，其中深圳新建商品住宅同比上涨52.7%，排名第一位。面对房价一片飘红，各方面又开始了大讨论，其中包括持续十几年的“我到底是该现在买房子还是等房价跌下来”，还有“房子究竟该不该限购”，等等。作为一个企业的管理者，我比较关心的是“房子是不是束缚了我们人才的创造力”。

房价的上涨有多种复杂的原因，我不是专业人士，没有能力分析，但我相信一点：大量资金涌入房地产市场的重要原因是，现在没有太多良好的投资渠道。股市？理财？在当下显然都不是一个好的选择。在这种情况下，老百姓手里有了一点钱，很容易就会想到去买房子。我还见过全国各地有好几套房子的人。这从一个侧面反映出，普通人对资产保值增值的需求有多么强烈，房子这样流动性很差的资产，也被疯狂抢购。

对一个职场上的人来说，怎么样找到一个最佳的投资途径呢？还是那句话，最好的投资是对自己的投资。经济学里有一种“口红效应”的说法。1929年至1933年，美国经济处于前所未有的大萧条时代，全国的工业总产值几乎下降了一半，人们的消费能力急剧萎缩，收入大量减少。但是像口红这样价格不高的低档消费品，反而有了一个比较大的增长。经济学家经过研究，把口红这种商品界定为“廉价的小奢侈品”。他们认为在低迷的经济形势下，之前销售并不火爆的口红，销量有所增长，主要和消费者的心理有关。在经济形势好、收入高的情况下，消费者倾向于购买更加昂贵的商品，比如说汽车、房子等等；当经济形势不好、收入下降时，消费者更倾向于消费口红这种低档商品，因为这种商品不会太贵，不会给家庭经济造成太大负担，又能满足消费的需求，给购买者带来廉价的心理安慰和满足感。这种经济形势不好而某些行业反而出现繁荣的现象，就被经济学家们命名为“口红效应”。当时电影消费也出现了较大增长，原理是一样的。

后来的经济学家对历史上各个经济不景气时期进行更加深入的研究，都印证了“口红效应”的存在，与此同时还有一个发现：除了像口红、电影这样的消费品，还有一个行业在经济低迷时期也比较热门，那就是培训行业。人们在找不到工作或者有失去工作的危机感的时候，更容易想到：我是不是该去学点什么？我是不是该去充充电？我是不是该去多学习一门技能？

应该说这种想法很符合经济学原理。当经济危机的时候，人们不是失业，就是干着比以前工资低很多的工作。这时候去接受教育和培训，失去的工作机会和工作收入要比经济形势好的时候低很多。这笔经济账很好算。每个月挣三万，去培训一个月，不算培训的费用，也会损失三万；每个月挣三千，去培训一个月，你只会损失三千。富兰克林·罗斯福1933年就任美国第32任总统，为了挽救当时美国面临的严峻经济形势，他一上台就雷厉风行地实行了一系列经济政策来挽回颓势，被称为“罗斯福新政（New

Deal）”。罗斯福新政的核心是三个R：救济（Relief）、复兴（Recovery）和改革（Reform）。其中一项重要的措施，就是利用政府的力量大兴公共工程。当时美国的失业率很高，很多人找不到工作，没有收入也就没办法消费，对经济造成了循环影响。为了解决这部分人的生活问题，为经济注入活力，罗斯福下令组建了公共工程局，这个机构专门负责组织建造公共工程。从1933年到1935年，公共工程局一共投入了三十多亿美元，建设了包括政府建筑、机场、医院、学校、道路、桥梁和水坝在内的大量工程，这些工程创造了330多万个工作岗位，对当时的经济复苏起了很大的作用，同时由于是在经济危机中兴建的，造价也比较便宜。这些工程在以后的长时间内发挥了作用，以至于以后每次遇到经济危机时，都有人向美国政府建议应该通过兴建公共工程的方式来更新已经老旧的公共设施。在经济危机中参加培训，就是每个人的公共工程，一个人可以通过这种方式，用最经济的方法来提升自己的竞争力。

但是，等到经济危机的时候再来提升自己，再来对自己进行人力资本投资，是不是太晚了？你所谓的稳定，可能是在浪费生命。人最困难的，就是主动跳出自己的舒适区，去寻找更高的挑战。一个人做事情的方式，如果没有遭到重大挫折就不会改变，在这种情况下，要不就一直这样混下去，要不就等待一个你无法应付的危机。所以当危机还未到来之前，当别人还没意识到人力资本投资的重要性之前，你一定要首先开始。

## 人力资本需要不断追加投资

人力资本拥有这样的保值功能，同时在你年轻的时候拥有极大的成长性，但是与此同时，它也需要不断地投资。对初入职场的人来说，这种投资就是不断地学习和投入，投入到工作中去。衡量这种投入的一个最容易观察到的指标就是时间。曾经被誉为比尔·盖茨接班人、微软新大脑的雷·奥兹担任过微软首席软件架构师，和比尔·盖茨一样，他也被认为是技术领域的先知和天才。作为一个天才，他却将自己的成功归因于努力和奋斗。

奥兹指出，根据马尔科姆·格拉德威尔（Malcolm Gladwell）的畅销书《异类》中提出的“一万小时法则”，他和比尔·盖茨大约投入了一万个小时才最终成为电脑方面的专家。奥兹和盖茨（以及苹果CEO史蒂夫·乔布斯）都出生于1955年，巧合的是他们几乎同时开始接触计算机。“比尔和我在同一时间起步，都是从高中一年级开始使用通用电气公司的分时计算机。”高中期间每周投入20小时，暑期和大学期间每周投入惊人的60小时，因此截止大学二年级时已经累计一万小时。“这正好是PC行业爱好者开始起步的时间。”奥兹说。具有相同经历的还有Unix、Java程序的编写大师比尔·乔伊。当比尔·乔伊研究生毕业时，同样拥有了累计一万多小时的编程经验。

不仅仅在高科技领域，在其他领域这个法则同样适用。以世界上最知名的披头士乐队为例，他们曾经在德国汉堡酒吧进行演出。从1960年至1962年，披头士一共五次到汉堡演出。第一次，他们演了106个晚上。第二次，他们演出92次。第三次，他们演出48次。在1962年11月和12月，披头士一共演出了90个小时。加起来，他们在一年半的时间内演出了270晚，大概

12000小时。

由此看来，“天才来自勤奋”这句老话还是对的，一万小时=成功/能够支持成功的技能水平。无论是比尔·盖茨、比尔·乔伊还是披头士乐队，他们获得特定领域的一万小时练习时间都有偶然的因素。20世纪70年代，世界上的绝大多数人还不知道电脑为何物的时候，比尔·盖茨和比尔·乔伊就已经沉浸在编程“游戏”中了。比如比尔·乔伊，他“恰巧”就读密歇根大学，这所大学“恰巧”是美国率先购买电脑终端的学校之一。在没有终端以前，程序员要在纸卡片上编码，然后排队上主机测程序。有了终端，十几个人可以同时上机编程。但是终端的使用费用（按时间计算）还是很贵，一般学生一学年的上机时间只有几个小时。“恰巧”学生们发现了主机的一个编码漏洞，只要在需要的时间后面打入一个字母k就能无限使用。于是比尔·乔伊“恰巧”能不分昼夜地泡在终端前面编程。

同样的事情也发生在比尔·盖茨身上，“恰巧”他所在的那所私立学校非常有钱，“恰巧”那所学校有足够的远见，购买了电脑终端作为“电脑俱乐部”的工具，而且母亲们凑钱买了终端时间让小孩们玩。于是比尔·盖茨“恰巧”在进入哈佛大学以前就已经积累了上万个小时的编程经验。

在这种偶然因素的背后，你还是不能否认，每一个晚上，他们都在努力练习，这种练习给他们的成功奠定了基础。你没有这种幸运，就更应该努力完成自己那特别的一万小时。很多时候，一千小时的努力就已经能够让你超出同侪了，两千小时已经足够你成为一名专家，有了前面的铺垫，后续的努力会更加水到渠成。

# 成功不需要借口

## 开始成功永远不晚

很多加入职场几年的人喜欢把自己目前的困境归咎于之前的失误：错过了那次升职的机会，在某个工作的关键时候犯下错误，没有跟着某个领导一起跳槽，等等。这种借口我听得太多了，如果你真的有强烈的成功渴望，什么时候开始成功都不晚。

今天在世界上各个国家的不同城市里，我们都能看到一个满面笑容的老人，花白的胡须，白色的西装，黑色的眼睛，永远都是一种装扮。这个笑容，恐怕是世界上最著名、最具价值的笑容了，因为这个和蔼可亲的白发老人就是著名快餐连锁店"肯德基"的招牌和标志——哈兰·山德士上校，同时他也是这个著名品牌的创立者。今天世界上每个人在肯德基吃的炸鸡，都是山德士发明的。从最初一家名不见经传的小店，到今天遍布全球的快餐帝国，从一次次失败走向成功，最后终于理解自己，山德士走过的是一条崎岖不平的创业之路。

1890年9月9日，哈兰·山德士出生于美国印第安纳州亨利维尔附近的一个农庄。他家境不是很富裕，但也还过得去。然而就在他6岁那年，父亲去世了，留下母亲和3个孩子艰难度日。

为了生活，母亲不得不在外面兼职多项工作。白天她得去食品厂削土豆，晚上继续给人家缝衣服，根本抽不出时间照料幼小的孩子。山德士作为长子，义不容辞地照顾弟妹，为母亲分忧。白天母亲不在家，小山德士只好自己做饭，一年过去了，他竟然学会了做20个菜，成了远近闻名的烹饪能手。

12岁那年，母亲再嫁，山德士和继父的关系十分紧张，才念到6年级，他就再也不想读书了。家里的气氛十分压抑，山德士决定出外闯荡，重新换个环境。他到格林伍德的一家农场去做工，但也只能维持个人温饱。

此后他换过无数次工作，可以说什么活儿都尝试过，做过粉刷工、消防员，卖过保险，还当过一阵子兵，后来他还得过一个函授法学学位，使他能在堪萨斯州小石城当上一段时间治安官。

40岁的时候，山德士来到肯塔基州，开了一家加油站，因为来往加油的客人很多，看到这些长途跋涉的人饥肠辘辘的样子，山德士有了一个念头，为什么我不顺便做点方便食品，来满足这些人的要求呢？况且自己的手艺本来就不错，妻子和孩子也时常称赞。想做就做，他就在加油站的小厨房里做些日常饭菜，招揽顾客。

在此期间，山德士推出了自己的特色食品炸鸡，就是后来闻名于世的肯德基炸鸡的雏形。由于味道鲜美、口味独特，很快炸鸡就受到了热烈欢迎，客人们交口称赞，甚至有的人来不是为了加油，而是为了吃山德士的炸鸡。

刚开始做炸鸡的时候，山德士是为了扩大自己加油站的生意，但是现在反而炸鸡的名声超出了加油站，由于顾客越来越多，加油站已经容不下了，山德士就在马路对面开了一家山德士餐厅，专营他的拿手好戏——炸鸡。

为了保证质量，山德士系上围裙亲自下厨，并投资扩建了可容纳142人的大餐厅。这样，他初步打开了一个炸鸡的市场。以后的几年，他边经营边研究炸鸡的特殊配料。这种特殊配料含有11种药草和香料，使炸成的鸡表皮形成一层薄薄的几乎未烘透的壳，鸡肉湿润而鲜美。至今，这种配料配方还在使用，但调料已增加到40种。而这就是肯德基最重要的秘密武器，正如可口可乐的配方一样。

到了1935年，山德士的炸鸡已闻名遐迩。肯塔基州州长鲁比·拉丰为了感谢他对该州饮食所做的特殊贡献，正式向他颁发了肯塔基州上校官阶，所以人们都叫他“亲爱的山德士上校”，直到现在。

山德士上校几乎是在自己人生的最后阶段，才无意中发现了自己的才能，才了解自己原来蕴含着多么巨大的能量，可是如你所见，这并不算晚。

## 要勇于推销自己

每一个成功的职场人都勇于推销自己，你的勇气和你的知识、能力一样，是你最宝贵的财富，勇气这种东西比其他好东西更为稀缺，所以也更为珍贵，有时候很多人甚至不敢想象自己拥有它。推销自己最成功的就是世界上最伟大的推销员乔·吉拉德。

乔·吉拉德出生于美国底特律的贫民家庭。9岁的乔·吉拉德开始给人擦鞋送报，赚钱补贴家用。他16岁就离开学校，成为一名锅炉工。后来他成为一位建筑师，盖了13年房子。

35岁以前的乔·吉拉德基本是个全盘的失败者。他患有相当严重的口吃，换过四十个工作仍一事无成，甚至曾经当过小偷，开过赌场。35岁那年，乔·吉拉德破产了，负债高达6万美元。为了生存下去，他走进了一家汽车经销店。3年之后，乔·吉拉德以年销售1425辆汽车的成绩，打破了汽车销售的吉尼斯世界纪录。乔第三年卖出343辆车，第四年就翻了一番，卖出614辆车，从此业绩一路飘红，连续12年成为美国通用汽车零售销售员第一名，甚至变成世界最伟大的汽车销售员。乔·吉拉德在15年的汽车推销生涯中总共卖出了13001辆汽车，平均每天销售6辆，而且全部是一对一销售给个人的。

乔·吉拉德之所以能够取得这样伟大的成就，就在于他拥有别的推销员难以企及的说服力。1960年代的底特律可以说是全世界竞争最激烈的一处市场。凭着不想再过苦日子的决心与毅力，乔自创许多“土法炼钢”的行销做法，不断磨炼自己的说服力，终于杀出一条血路。

乔·吉拉德的说服力修炼从自身条件出发。结果那些别人眼中的不利因素反而成了前进的阶梯。他自己有口吃的毛病，说话不得不变得很慢，这反倒让他比谁都更注意聆听客户的需求与问题。刚刚进入汽车行业的乔·吉拉德没有一点人脉，一开始只能靠着一个电话、一支笔，和顺手撕下来的四页电话簿当成客户名单拓展客源。只要有人接电话，他就记录下对方的职业、嗜好、买车需求等生活细节，虽吃了不少闭门羹，但多少有些收获。曾有人在电话中用半年后才想买车的理由打发他，半年后，乔便提前打电话给这位客户。他靠着掌握客户未来需求、紧迫盯人的黏人功夫，促成了不少生意。

乔对工作很有耐性，他不放弃任何一个机会。或许客户五年后才需要买车，或许客户两年后才需要送车给大学毕业的小孩当礼物；没关系，不管等多久，乔都会打电话追踪客户，一年十二个月更是不间断地寄出不同花样设计、上面永远印有“I like you!”的卡片给所有客户，最高纪录曾每月寄出一万六千封卡片。“我的名字‘乔·吉拉德’一年出现在你家12次！当你想要买车时自然就会想到我！”展示着过去所寄出的卡片样本，乔的执着令人折服。

乔还特别把名片印成橄榄绿，令人联想到一张张美钞。每天一睁开眼，他逢人必发名片，每见一次面就发一张，坚持要对方收下。乔解释，销售员一定要让全世界的人都知道“你在卖什么”，而且一次一次加强印象，让这些人一想到买车，自然就会想到“乔·吉拉德”。

乔有一个特别的习惯，喜欢在公众场合“撒”名片，例如在热门球赛观众席上，他便整袋整袋地撒出名片，他耸耸肩表示：“我同意这是个很怪异的举动，但就是因为怪异，人们越会记得，而且只要有一张落入想买车的人手中，我赚到的佣金就超过这些名片的成本了！”

直到现在，乔还是保有到处广发名片的习惯，他说虽然已经不卖车，却还是卖书、卖自己的人生与行销经验，寻求各种可能的演讲与曝光机会。因此，到餐厅用完餐，他总是在账单里夹上三四张名片及丰厚的小费，经过公共电话旁，也不忘在话机上夹两张名片，永远不放弃任何一个机会。

乔·吉拉德的推销让我想起《华尔街之狼》中莱昂纳多·迪卡普里奥扮演的乔丹·贝尔福特，他就是一个非常厉害的推销员，可以把本来没有什么价值的“便士股票”卖出去，但他最后的结局并不好。我想这也给职场中人一个警示，推销自己没有错，但一定不能越过某些底线。

# “真”人才三原则

## 人才需要说“NO”

前IBM总裁小汤姆斯·沃森曾说：“野鸭子每年冬天都要从北方飞到南方。一些北方人因为喜欢鸭子，经常为它们提供食物。于是，一些野鸭子因贪恋这些食物便留在了北方，并渐渐被驯化成了家鸭，也飞不动了。因此，人们只要停止提供食物，它们就只有死路一条。而那些每年不辞辛苦坚持飞往南方的野鸭子仍然活得很好，并且越来越健壮。人也同样如此，如果一个人只会跟着他人的指挥棒走，他就会失去想象力、创造力和进取心，同时也会失去自我生存的能力。我需要的是会飞的野鸭子，是活生生的人。我不希望我周围的人只会对我说‘是’，我真的希望员工能经常推开我的房门，大声对我说：你错了！你应该……唯有如此，我才能坐在这把交椅上而无后顾之忧。”

人才需要说NO，在这个问题上我倒是抱有乐观的立场。从我的职场生涯来看，现在刚入职场的年轻人越来越有说NO的精神，他们的活力是比我们这一代强的。而且说实话，人才说不说NO，关键不是人才，而是人才的老板。人才的老板如有容许别人说NO的雅量，那么就没有问题，如果老板没有这种雅量，把对工作的探讨视为对自己权威的挑战，还强求手底下的人说NO。那我的建议只有一个：赶紧跳槽吧。

人才为什么需要说NO？因为说YES的人太多了。“千人之诺诺，不如一士之谔谔。”这句著名的话是战国策士赵良对当时秦国国相商鞅的谏言。商鞅想要招揽赵良作为自己的门客，赵良反而说要考虑考虑，还提出了一个前提条件：“终日正言而无诛。”也就是说，我赵良到你商鞅门下，我要是天天说真话你不能生气，更不能给我穿小鞋。赵良解释了一下为什么要提这个条件：当初周武王身边不乏直言之人，所以最后能够成就灭商大业；商纣王身边都是趋炎附势之徒，最后落得亡国的下场。这个条件商鞅很痛快就答应了，他自己也明白“貌言华也，至言实也，苦言药也，甘言疾也”。

如果想要做一个人才，那“与众不同”“力排众议”这些词与你就是分不开的。你如果不能承受与别人不同所带来的压力，如果不能接受别人异样的目光，如果不能直面领导的质询，你就会离人才愈来愈远。在这种情况下，你必须学会说NO，当你说了几次之后，就会发现，其实说NO也没有那么可怕。一个刚入职场的人，不必将自己想得太重要，很多时候，你的意见只是看到了全局的一部分，并不全面，但这不会影响你发言的价值。有的时候，发言本身要比发言的内容更重要，“说”这个动作要比说“NO”更重要。

以我的经验来说，领导开会的时候最怕的不是反对意见，而是没有意见。就像一个老师在课堂上问同学们都听懂没有，结果一个说话的都没有，这种情况是最可怕的。领导也不想唱独角戏，那种滋味可不好受。这种时候如果你站了出来，不管说了些什么，至少打破了冷场，为接下来的讨论开了一个好头。勇敢地说NO吧，把你的想法大胆地说出来，不必有太多顾忌。

## 与人合作才是人才

与人合作才是人才，一个人在职场中无论多么强大，都需要与很多人合作，而且绝大部分时间是和不如自己的人合作。在这种情况下，如何才能建立起真正的合作关系，贯彻真诚的合作精神，对每个职场人来说，都是需要思考的问题。

“井深大君，请接受我对你衷心的谢意，感谢你给了我如此愉快的一生！我从心底感激你！”这是索尼公司创始人盛田昭夫悼念合作伙伴井深大的一句话。这两个共同开创伟大事业的男人有一种志同道合的默契。孩子般天真与纯粹的井深大极为专一，拒绝妥协，对自己关注焦点以外的任何东西都视而不见听而不闻。他在技术上固执己见，性情古怪，在公司经营管理上则依赖盛田昭夫，就是后来干不动技术了，他宁愿去专心写书，也不干涉盛田昭夫的经营。在公司的重大决策和方向性问题上，井深大从来都是坚定地站在盛田昭夫一边。而盛田昭夫则更多地以井深大为支柱和精神上的依归。盛田昭夫有任何想法，首先要和井深大交流，在井深大那里获得验证，是他面对外部世界的力量来源。

当然，性格迥异分管技术和营销的两个人，不可能在任何问题上都能取得一致意见。井深大与盛田昭夫关系的不和谐第一次也是最后一次暴露出来，是在“单枪三束彩色显像管”的研制过程中。彩色显像管是索尼最具有价值的产品，然而，它的诞生却是一个十分痛苦和艰难的过程。长达7年的研究开发中，索尼公司的经济压力十分巨大。盛田昭夫迫切要求减少亏损。而井深大却不关心技术研发以外的问题，坚持技术研究的需要丝毫不让步。井深大与盛田昭夫之间的紧张状态，公司里的任何人都看得出来。如果充耳不闻巨额亏损的人不是井深大，而是自己的父亲或兄弟，盛田昭夫都会毫不犹豫地叫停，但是他心中对井深大的信任和尊重占了上风，他不得不动用广泛的社会关系筹措索尼的第一笔开发贷款——200万美元。

井深大在情感上也对盛田昭夫颇为倚重，技术上前进的每一步都与他一起来分享。当第一批彩色显像管从装配线上下来时，井深大对研究组深深鞠了一躬。暮年的井深大回忆，他在索尼最值得骄傲的事情，就是“单枪三束彩色显像管”的诞生。井深大不只为自己的团队创造出的东西而骄傲，同样也为在危机关头中他与盛田昭夫相互信赖、相互激励的合作精神而感动。

如果井深大与盛田昭夫在某一件事情的看法上存在严重分歧，他们会私下里解决，公司里从没有一个人听到过他们批评对方。任何看到他们在一起的人，都不会不注意到他们之间的默契。这种默契以一种神奇的方式将他们连接在一起，以至于他们的妻子都无法介入这种密切的关系。

1992年井深大与盛田昭夫先后中风，两个人无法有太多交流，但依然用简单的话语和手势，相互鼓励。当晚年盛田昭夫定居在夏威夷时，井深大在电话上喊：“盛田昭夫！盛田昭夫！坚持住！”盛田昭夫夫人每次回日本第一个落脚点不是自己的家，而是井深大的身旁。1997年，井深大去世，终年89岁。盛田昭夫的悲痛无以言表，他的夫人代表他在追悼会上宣读了悼词：“井深大君，请接受我对你衷心的谢意，感谢你给了我如此愉快的一生！我从心底感激你！”

井深大与盛田昭夫的合作堪称职场合作的经典，也许我们没有机会和这样杰出的人物一起工作，但我们可以从中得到很多有启发性的东西。

## 能帮助别人的才是人才

有很多人将人才定义为自己能做出一番成就的人，其实能帮助别人的人才能称为人才。我从很久以前就喜欢看NBA的比赛。很多和我一样的老球迷都有点“厚古薄今”的毛病，总认为当年的迈克尔·乔丹要比现在的球星更伟大，这也是人之常情。不过我从乔丹身上确实看到了一个伟大的球星、一个伟大的领袖最为宝贵的素质之一，那就是让你的队友变得更好。乔丹的身边一开始并没有多少特别出色的人物，皮蓬选秀来到芝加哥公牛队之后，一开始表现得并不出色，但是在日复一日和乔丹一起训练比赛的过程中，他逐渐成长为历史上最好的球员之一。我认为皮蓬的成长最能体现乔丹的伟大，一个能帮助别人成长的人，无论在哪一个领域，都不可能平庸。而且十分奇妙的是，如果你有心，甚至可以帮比你强大很多的人变得更好。

她是Facebook创始人兼首席执行官马克·扎克伯格最有价值的朋友，事业上的黄金搭档，乐于公开承认的求教对象。她以其聪明睿智赢得了Facebook公司里所有认识她的人的交口称赞，她就是Facebook首席运营官谢丽尔·桑德博格（Sheryl Sandberg）。

桑德博格素以擅长人际交往和聪明睿智著称。她和出了名内向的扎克伯格每周都一起开会，帮助这位硅谷中最与众不同的商业合作伙伴——举例来说，扎克伯格经常被评为硅谷最差着装科技人物——为Facebook创造了一个又一个奇迹。事实上，桑德博格已成为对扎克伯格最有帮助的朋友。

桑德博格加盟Facebook三年时间以来，这家新兴的互联网企业已成功地度过了创业公司发展周期中最危险的阶段——快速发展期。这个时期对一家新公司来说非常危险，很容易产生过度扩张、投资分散、主业不清晰、盈利模式超前等问题，其中任何一个问题都有可能是致命的。Facebook的员工人数已增加了6倍，将近1800人；其全球用户已增加了7倍多，达到了5亿；一度捉襟见肘的营收，据美国券商的估计今年有望增加至16亿美元左右。桑德博格和许多全球最大的广告商保持着紧密的联系，这都是她在谷歌做高管时积累的人脉资源，这些资源让Facebook的盈利不断攀升。此外，桑德博格还给Facebook带来了稳定的发展局面。由于前一段时期内，Facebook的其他联合创始人、高管和早期员工纷纷离职，Facebook公司在很长一段时期内均处于混乱无序的状况。幸好，桑德博格来了。她的到来让这种状况得以改观，使公司逐渐走上了稳定发展之路。“我们公司之所以运转良好，是因为他们俩始终相处融洽。”Facebook分管工程的副总裁这样评价桑德博格和扎克伯格的合作。

桑德博格尽心尽力地建立业务渠道，开拓国际市场，培育与大型广告商的关系，并在沟通和公共政策方面发挥她的影响。这让扎克伯格得以解放出来，专注于他最喜爱的东西：Facebook网站及其平台。

从某个角度来看，马克·扎克伯格和谢丽尔·桑德博格可能是硅谷中最不可思议的搭档。26岁的扎克伯格不善于交际，非常内向；而41岁的桑德博格正好相反：优雅、漂亮、非常健谈，而且面对媒体镇定自如。他们的差别还远不止于此。扎克伯格大二时从哈佛大学辍学，此后专心致志地经营Facebook公司，从没有为其他人、其他公司工作过。桑德博格则拥有哈佛大学工商管理硕士学位，她在谷歌工作过很长一段时间，曾经发挥过重大作用，帮助谷歌建立了最大型、最成功的互联网广告业务。在桑德博格离开谷歌时，她在谷歌领导的团队已从当初的少数几个人发展到了大约4000名员工，约为谷歌职工总数的四分之一；创造的营收占公司总营收的一半以上。而且，她还帮助谷歌创立了慈善事业，并开拓了一些与主营业务不相关的新项目，例如谷歌的图书扫描业务。

也许正是因为彼此之间存在着如此明显的差异，扎克伯格和桑德博格变得亲密无间。“许多公司会雇佣性格非常相近的人。”扎克伯格说，“而我们公司更注重员工之间的性格互补和平衡。这种平衡关系需要努力才能达成，但它一旦达成，就能大大提高员工的工作效率。”

扎克伯格和桑德博格是2007年在一个圣诞节派对上认识的，他们一见面就为对方所吸引，紧接着扎克伯格为说服桑德博格到自己公司工作，连续六个星期亲自做桑德博格的工作。为了避开周围无处不在的眼睛，他通常在桑德博格的家中聚餐，以保持谈话的私密性。“我们有条不紊地发展着我们之间的关系，并细心地呵护它。”桑德博格回忆说。

“他非常害羞，人很内向，对于不认识的人，他看起来好像不冷不热的，但实际上他是非常热情的。”桑德博格提到扎克伯格时言语中充满了关切之情，“他对于一起工作的同事充满了关心。”

她对扎克伯格爱护有加，无处不在。在今年夏季举行的技术大会上，扎克伯格在现场采访中回答有关Facebook隐私政策的问题时显得有些语无伦次，这使得他开始变得紧张，脑门上直冒汗。对一个需要经常和媒体打交道的互联网公司CEO来说这可不是什么好征兆。采访结束后，正是桑德博格鼓励他抛开采访中的负面东西，不再灰心丧气，而是要多关注访谈中进行得非常顺利的地方，这样就能在下次采访中做得更好。

而扎克伯格则从技术角度把他们之间的关系比作“高速宽带”。“我们交谈30秒钟交流的信息量，要比我和别人开会一个小时获得的信息量还多。”他说，桑德博格总能让他迅速获得公司发展的最新信息，比如说，Facebook海外办事处的发展情况。“我敢肯定，（在她的协助下）我能够了解本公司正在发生的一切事情。”扎克伯格说，他相信桑德博格能把一切事情处理得有条不紊。“自从她进入公司以来，”他说，“公司管理团队的活力大大提高了。”

桑德博格和扎克伯格的交往与日俱深。他们俩经常往来，曾是高中击剑队队长的扎克伯格，还给桑德博格5岁的儿子教了几个击剑动作。而当扎克伯格和他的女朋友想要做慈善，并向桑德博格求教时，桑德博格立即从她庞大的关系网中物色合适人选，并安排扎克伯格和纽约市市长、华盛顿教育局局长的会谈。扎克伯格说：“她就是我和我女朋友求教的对象，这一点就是我们关系的最好体现。”

# ANSWER

## 不是答案的答案

### 再不奋斗，你就老了

在这个社会上，你想走多远、多高？从现在开始奋斗，再不奋斗，你就老了。如果你开始了，那么在最极端的情况下，你也不会丧失希望。

如果一个19岁的怀孕女孩含着泪水说出这样的话：“进监狱是我生命中最美好的事情。”你一定会觉得她疯了。可是让你感觉更疯狂的是她周围的人纷纷表示赞同，一个女孩说：“我也这样认为。”还有一个人说：“这绝对是最好的事情。”你在做梦，还是进入了精神病院的重症区？都不是，你是在威尔帝电信一家分公司的会议室里，周围坐着的都是这家电信公司的员工，她们唯一和普通员工不一样的地方就是，她们都是正在服刑的囚犯。

安德里亚·古德温今年38岁，她和丈夫都是冰毒上瘾者，夫妻两人从别人的邮箱里截取信用卡邀请，建立了假账户。最后的结果是丈夫坐了牢，自己也以诈骗罪的罪名被判处5年监禁。她的牢房在亚利桑那州菲尼克斯市西部25英里的地方，每天与毒贩、妓女、诈骗犯、杀人犯为邻。大儿子被送给父母代养，小儿子与一位牧师生活。“我失去了一切。”她这样描述自己的生活。

但是比其他人幸运的是，她现在有一份工作，通过这份工作她已为今后的生活攒下了8000美元。而且除了金钱，她还在工作中得到了尊重和自信，这让她能够更好地面对将来的一切，尽管工作并不容易。古德温受雇于一家名为威尔帝电信的公司。该公司在佩里维尔监狱有四个呼叫中心，雇用了250名轮流工作的“员工”，她们上班时穿着橘黄色连身衣，喜欢自称为“女士”，这个称呼让她们感觉自己正在工作。作为囚犯，每天工作之前，古德温必须接受脱衣搜查，有时还要接受监狱保安的盘问。不过一进到自己的工作间里，戴上自己的耳机，她就找回了自己。

有一次，她向一位大型保险公司的冷漠经理推荐一款昂贵的数据库软件包。经理扛不住了，说：“应该让IT部门来跟你谈。”古德温以前遇到过不少这样的回答，她以一种实事求是的语调追问道：“为什么交给他们？你才是这些软件的使用者。”经理顿了顿，放弃了推诿，同意下周继续接听她的电话。古德温笑了，她知道已成功将一通打给陌生客户的推销电话化为一条实实在在的销售线索。“照着销售手册做永远也不会成功。”她说。

威尔帝电信营业额达到上千万美元，它的客户都是思科、日立、SAP之类的技术巨头。公司的墙上挂着好几张比尔·盖茨签名的海报，上面写着“致威尔帝电信：继续创优”。思科销售部经理克里斯蒂娜这样评价威尔帝电信这些特殊的业务员：“她们的技术能力异常优秀。”威尔帝公司老板胡克则说：“将公司交给她们我很放心，她们也能完成任务，且工作动力是监狱外面雇员的50倍以上。”

亚利桑那州教管部门负责审查狱中求职者，申请者必须高中毕业，获得相应的文凭，同时他们的行为记录也不能太差劲。经过六周培训课程，求职者可改掉脏话，甚至学会使用语法里的双重否定和不同时态——这些人原来的文化水平不高。作为威尔帝电信的员工，古德温和她的同事们时薪7.25美元，属于联邦最低水平，但这比在监狱洗衣房里每小时挣35美分要好多了。除去1/3的食宿费、州税和其他费用，剩下全部都是她们自己的。在公司工作的人出狱时平均每个人的银行户头上有1.5万美元，最多的一位拥有2.5万美元。许多人用这笔钱来支付孩子的抚养费和教育费用，贴补家用，这样她们就可在服刑期间继续拥有对子女的监护权。

参加工作的效果十分明显：在曾经的囚犯员工中，有一位从亚利桑那州立大学（Arizona State University）获得了MBA学位，如今在公司任菲尼克斯市总部的销售部门总监；有一位在加拿大运营养子安置计划；还有一位在图森州任一间药物滥用治疗所的经理，且雇佣了两名威尔帝电信的前员工。大部分雇员在刑满释放那周都会来到公司位于菲尼克斯市的总部，而每次胡克也会说：“你可以给我个拥抱，叫我吉姆。”威尔帝电信为她们提供家庭团聚、生活开支、培养自信、简历写作方面的培训，以供出狱之后接下来生活下去的需要。他相信这些人出狱后会彼此监督对方，防止再次陷入原来的泥潭。在过去14年里，曾经为威尔帝电信工作的犯人，出狱后再犯率为11%，而根据一份有关重犯率的报告，3年内全国女性囚犯的再犯率为40%。胡克说：“这个世界对囚徒来说上下颠倒了，我们把他们扔进来，像野蛮人一样对待，再扔出去，还希望他们不要回来。但他们会回来的，依次往复，而每次为此埋单的都是我们。”显然，给犯人一份工作，给他们一个机会，比严厉地对待他们更为有效。

我相信看这本书的你并不在监狱里。那么，是时候开始你的奋斗了。

# 第三章

# 人手：随时站在失业边缘

# QUESTION

# 职场第三问

## 90%的人都是“人手”，你能做那10%吗?

现在职场上，90%的都是人手，只有10%的人能被称为人才，你能做那10%吗？应该看到每一个行业都不容易，每一种工作都有自己的艰辛之处，能踏踏实实做好自己的本职工作，就已经是非常不容易的了。中央电视台有一个非常好的节目叫作《了不起的挑战》，我很喜欢看，每逢播出总是要坐在电视机前从头到尾地看完。其中有一集，主持人撒贝宁体验去张家界做绝壁清洁工，在六百多米高的绝壁上拴着绳索，清理游客扔下来或者掉下来的垃圾。他完成任务之后十分激动，在镜头前一再呼吁大家要爱护好环境，千万不要再乱扔垃圾了。我看完节目之后也十分感动，觉得他说出了普通劳动者的心声，同时节目也反应出我们各行各业的艰辛。中国的人太多了，中国的人才也太多了，有人说高考是千军万马过独木桥，在职场上何尝不是千军万马过独木桥，每一个成功者的背后，每一个人才的背后，又有多少人曾经努力过、奋斗过呢？

职场是一个很磨炼人的地方，也是一个让人经历很多痛苦的地方，这是不以人的意志为转移的。在职场中，不管你是泯然众人，还是突围而出，都会经历很多磨难和考验，这些磨难和考验不是阻碍你、毁灭你，就是成就你，让你涅槃重生。

想成为那10%，首先必须明白人手是什么，人手就是领导的一只手。做一个人手是从不同的职场选择开始的，不同的选择通往不同的道路，每一种选择都有它的理由，但并不是每一种选择都能通往成功。不同的选择带来不同的职场表现，但是要牢牢记住，人手随时可以被取代。作为一个人手，你没有犯错的余地，因为人在职场，身不由己。面对这种种挑战，有人选择了退缩，可是真的有不经过奋斗的安逸吗？我从未见过，倒是见过许多缺少价值观和信心导致的失败，见过许多缺少独立精神导致的失败。在我眼中，一个职场人的基本素质就是认清自己一开始无论多么优秀都是一个人手的现实，从容地面对这一现实，坚定地走自己的路，不要想自己是不是风口上的猪。靠天吃饭不是办法，我们的祖先就是不想等着天下掉馅饼，才驯化了牛马，培育了庄稼。今天一个职场人，哪怕是个人手，也要有一种拼搏奋斗的精神。这种精神不会直接带来好处，但会给你的上升提供难以想象的动力。

本章进入实战案例阶段（100%真实案例）——

# “人手”就是领导的一只手

## 人手从不同的选择开始

“人手”这个词，我们在职场上总是会听到。当一项工作没有按照公司的指示按时完成时，我们在找原因时会说“人手不足”，“如果再多给我几个人手，我肯定能完成任务！”这是职场上常见的借口之一。“人手”真的那么重要吗？一名公司中层领导，有一颗强大的大脑，有无限的精力，有消耗不完的工作热情，但无奈一天只有24个小时，哪怕超人也无法打破这一定律，所以这位领导就需要找人帮助他完成他的想法。所以从字面上解释，“人手”就是“领导的另一只手”，只是“手”，而不是“大脑”，人手没有权利改变领导的想法，人手只是简单地完成领导让他做的事，然后就觉得万事OK了，其他的一切事都与他无关，没有压力，也不会有什么成功。

你需要知道的是，人手这一群体，占全世界从业者总数的将近90%，也就是说，如果您的公司有100人，那么大概有90人都是人手，相比关心公司是不是会越做越大，他们更关心的是能不能不加班，加班是不是有奖金，以及公司某一领导混乱的私生活一类的事。当然，人手这一群体的特征还有很多，下面就来具体地说一下：

对于刚刚入职的人手来说，相比职位前景，他们更看重工资数额。打个比方，一个刚入职的员工可以选择两种职位：

A职位，月工资3000元，半年后绩效考核，如果考核不达标就会被辞退，但如若达标，会加薪到每月9000元，外加各种补助，以后还有升职加薪的机会；B职位，月工资4500元，签约三年，每年仅享受固定加薪10%，没有补助。

该如何选择呢？其实，无论你选择A职位还是B职位，刚开始工作的这段时间你都是“人手”，都是无足轻重的一个人。但这其中又有很大不同，选择A职位的人虽然月薪较低，但他还拥有无限的可能，为了有提升的机会，他甘愿冒险，虽然很有可能以失败告终，可哪怕失败，他损失的也只有半年时间而已。而选择B职位的人，就相当于心甘情愿地当上了职场中的绝大多数，心安理得地把自己青春中美好的三年奉献给了饮水机和咖啡杯。安于平稳没有什么不对，问题是，这是你想要的吗？如果你经过仔细思考，觉得这的确是你想要的，那就不要耽误本来就不多的阅读时间，去读另一本书吧，这本书不适合你。

到这里，我们假设把选择了A职位的人称作小A，选择B职位的称为小B，通过他们入职后的情况继续阐述“人手”这一群体的特征。

## A面与B面的职场一天

小A和小B同时入职，虽然职位不同，但都是领导下属中两个普通的人手。

工作上遇到问题时，小B很不屑，也不在乎，心想反正干得好干不好，月底打到账上的都是4500块钱，为什么要费力解决工作上的问题呢？如果领导发现了问题，要求小B去解决，小B就会立刻产生抵触心理，心想每个月就给我那么一点钱，为什么任何事都要我去做呢？那些工资比我高的人为什么不去做呢？他们一年挣那么多钱，还有学习深造的机会，为什么我没有呢？上天为什么如此不公平？为什么最惨的人总是我？我每天上班都准时打卡，早上起床时多困都从不迟到，为什么领导看不见呢？让我解决问题？好，我去，谁让我不是领导身边的红人呢？谁让我老实呢？哎，我可真是不幸啊，未来可怎么办啊……

与此同时，小A工作上面对的问题比小B还要多，想到半年后的绩效考核，小A的压力非常大，生怕等待他的是被淘汰的命运。为了解决工作中出现的一个又一个问题，他需要时间，所以每天都提前来到公司，把遇到的问题用笔记下来，在脑袋中不停地思索，并告诉自己一定要冷静，但是问题还是不容易解决，因为天才毕竟是少数，人都要通过不断地摸索才能找到解决问题的方法。加班成了小A的常态，家人不安，女友抱怨，自己的健康也出现了小问题，但小A还在坚持，他觉得心里苦，但他又有着一切都会好起来的信心，就在这种事事并不顺利的情况下坚持着。

日子在继续，小B按照领导的要求，气不忿地解决着问题。一个问题还没解决，另一个问题又出现了。问题就像文件夹，一个接一个地摞在小B的桌子上。好吧，领导交代的事情，能做我就做一做，权当是“面子工程”，哄哄领导。以后领导来考察的时候我也有的说，小B心想，那些处理不好的问题，我就当没看见，反正我在领导心目中已经没有好印象了，不在乎了，反正签了三年的合同，他也不能开除我，除非他愿意付违约金，那还正合了我意呢！

这时小A的工作中似乎出现了曙光，大多数的问题通过他的努力都得到了解决，但依旧有个别难处理的问题存在，他想去找领导谈谈，把自己的问题说出来，但又担心领导认为他工作能力不强，一点小事自己还处理不好。不过通过慎重的考虑，小A还是敲响了领导办公室的门……

时间一天一天地过去了，小B已经熟悉了工作环境，熟识了办公室里的同事，过去装作内向的他开始暴露出自己的真面目。工作时间打私人电话已经成了常态，甚至在周一的早上就开始给朋友打电话定周末的出行游玩计划。有被他大声讲电话影响的同事好意提醒他小声一点，他就怒目相向，说道："你管得着吗？你是老板啊？老板一个月给你多少钱，你不管好你自己的事儿还来管上老子了？"几次下来，大家都有意见，心里的不满越来越多，然后，干脆和同事扭打在了一起，要大家上来劝说才松手。事后，小B还恶狠狠地对同事说："你给我等着！"从此只要一有机会，他就会向领导说那位同事的坏话，而领导则总是选择毫无表情地看着他。

有一次，领导在听小B打小报告的时候走了神，心想，小B和另一个部门的小A是一同入职的，但在日常工作上的表现差别可真大。小A平时不多说话，直到上次他遇到问题时来找我，我才察觉到了他的存在，他提的问题都很有针对性，对新职员来说，他工作进行得还不错，有一次见到他的直属领导，问了问他的情况，好像说这个小A在部门里还挺努力，或许是个好苗子吧；而这个小B，有事没事就到我办公室来，说是请教问题，可一直是话里有话。这年头，谁比谁傻多少呢？在我面前耍这小聪明，有这个必要吗？

小B在工作时间里真是度秒如年啊。早上刚工作一个小时他就已经在寻思中午吃什么了，决定好该吃什么，他又把重心放到了同事的八卦中。好不容易熬到了午饭时间，小B享用了想吃的午餐，接着开始心里抱怨道："什么破公司，只给45分钟用餐时间，连午休时间都没用，马上又要回去干活儿！还是我的老家好，老家的公司有两个小时午休时间呢！"整个下午，他都在迷迷糊糊的状态下度过。俗话说，"春困秋乏夏打盹，睡不醒的冬三月"，这也是人之常情嘛！小B倒还真想得开，就那么处在半梦半醒中，聆听钟表走针和同事敲打键盘的声音。可您瞧，5点30分下班时间一到，小B立马精神了！冲出办公室，狂按电梯按键，巴不得马上离开这间吸人精气神的公司。卡拉OK是常态，酒吧喝两杯是合理的放松，到了月中，上个月的工资花得差不多了，就老老实实回到租来的房子里，打游戏，玩手机，追美剧。时间一眨眼就到了午夜12点。哎，自由的时间总是那么短暂，睡觉吧，明天又是难熬的一天，周末快来吧！

反观小A，为了在工作中能有更好的表现，他每天都会早起到楼下跑步，哪怕是在寒冷的冬天，天还没亮的清晨也不例外。跑完步，回到家里洗澡，刮胡子，让自己整装待发，然后选择健康的出行方式——骑自行车——去上班。往往，他不是第一个来到公司的人，就是最后一个离开公司的人（读者可以思考一下，你有没有想过你所在的公司里，谁是第一个来上班，谁是最后一个离开办公室的人呢？），在他的时间观念中，也不存在上班时间和休息时间的概念，只要来到了公司，就要把全部的干劲儿一同跟着带来。通常，在他就着一杯咖啡制订了一天的工作计划后，其他同事才陆续地出现在办公室。更是有掐着点儿来打卡的同事，他们往往在早晨就已经让自己焦头烂额了。这位同事终于没有迟到，气喘吁吁地来到工位上，急急忙忙地吃起从小摊儿上买来的油腻的早点，像煎饼和鸡蛋灌饼一类的，散发出难闻的气味儿，而这种气味儿经常会跟随人的一整天。

小A可不像这些人，在早晨出门跑步前，他就已经吃过健康的早餐，包括新鲜的水果，酸奶，以及粗粮面包。这些健康早餐的好处不仅仅是营养丰富能吃饱，更重要的是，这些早餐不会带给人饭饱后混沌的感觉，往往会越吃越觉得神清气爽。另外，骑自行车去上班，只要规划好时间，就绝对不会迟到，不用担心交通拥挤，也不用花钱，还可以通过骑车的姿势和动作缓解早上跑步的疲劳，以及工作时总是面对电脑颈部产生的疲劳感。小A以最适合自己的方式完成了整个早上的准备工作，相比较其他同事还没开始工作就已经累了的情况，小A正干劲儿十足呢！工作中，小A绝对不会傻干，每隔几十分钟，他总会起来活动活动身体，如果有到其他部门签字的工作，正好能利用这个时间去，也是一种很好的活动。另外，他还和同事相处得很好，如果顺道，也会帮助其他同事去别的部门签字。

本来上午的工作时间就不长，所以小A总是感到正工作得非常起劲呢，就已经到了吃中午饭的时间。小A不会因为工作多，忙不过来就不吃饭。无论有多少工作，只要不是紧急事务，他都会放下手头的工作，和几个要好的同事去吃饭，在饭桌上还会和他们聊聊天，放松自己。他很早就听过这样一句话："不要论断人，免得你被论断。"所以，即便在餐桌上他会听到很多的八卦消息，也从来就是笑笑而已，决不传闲话，也不打听不该打听的。知道的乱七八糟的事儿越少，越不会打击自己的工作积极性。虽然公司没有给员工午休的时间，但小A还是会抓紧时间，在饭后去户外走一走，哪怕十分钟也好。春天可以享受微风，让人精神，还可以消食；夏天虽然炎热，却可以看看阳光灿烂的户外，明亮自己的眼目；秋高气爽，更是散步的好时节；冬天寒风刺骨，不仅让人更精神，还能避免亚健康的状态。所以说，午餐后散步是一年四季皆宜的。

下午的工作才是高强度的，往往一工作就是五个小时。这时，更凸显了饭后散步的好处，让人精力更充沛了。看到同事们时不时打盹，小A同情地笑一笑，他邀请过同事一同去散步，但同事都以太累为借口拒绝了。其实，越累越应该锻炼，否则会更累，但他们不懂这个道理，小A也不便勉强。话说回来，无论一个人体质多好，精力多足，到了下午两三点的时候都必然出现慵懒的现象，只是程度不同罢了，小A也不例外。所以，他总是在下午一点出头儿的时候就防患于未然，为自己沏一杯淡茶，舒缓马上要到来的困倦。这一招非常有效，他也推荐给同事，但同事们都是可乐一族，无法体会到喝茶的好处，反而笑话小A的老派作风呢！在五个小时的高强度工作后，大家都表现出大脑昏沉，渴望下班的样子。小A也不例外，毕竟谁也不是超人。小A原来上学的时候就听老师说过，以后走上工作岗位，没有必要的话不要加班，因为加班时的工作效率是一天中最差的；哪怕是加班，也要合理分配工作，把最不用动脑子的活儿留到加班时做。小A记住了老师的话，所以很少加班，因为他总能按照自己的计划在工作时间内完成一天的工作。

下班回家，小A和同事们的身体已经出现了疲劳的状况。不同的是，同事们选择乘车或地铁回家，在车厢内人挤人地站着，还低头刷手机，身体和脑袋的疲劳感更强了，而小A是骑车回家，颈部肌肉得到了矫正和放松，微风阵阵更是让他重新精神起来，强劲有力的腿部肌肉踏着脚蹬子，像飞起来了一样。回到家，女友已经做好了饭等他，都是清淡的菜肴，没有吃完让人发昏的红肉，只有一条鱼、豆腐和几样青菜。吃完晚餐，刷完碗，时间通常已经过了七点钟，二人下楼散步，聊聊这一天发生的事情，买一些水果给明天当早点，然后欢乐地回家。回家后，女友坐在沙发上看正流行的电视剧，而小A则在书桌前，打开自己8W的小黄灯，从书架上取出专业书，揉揉眼睛，带着劳累翻开第一页。这疲惫的身体真想要一杯冰镇啤酒滋润一下啊！

但小A还是像往常一样忍住了，还是把畅饮的时光留到周末吧。书倒是越看越精神了，他从专业书籍中找出自己需要的内容，记在本上，并写下心得，以及在今后工作中应该如何运用的方法。这时，小B正沉浸在游戏的虚拟世界中呢。晚上十点，看完电视剧的女友提醒他时间已经不早，他一想明天还有不少工作要做，便洗洗睡了。

小A和小B的故事还没有完，但读到这时，读者可以细想一下，你所在的公司里是不是就有这样的职员呢？小A这样的职员有几个，小B这样的职员又有几个呢？

# 人手，随时可以被取代

## 人手没有犯错的余地

没多久，小B在工作中发生了一次不大不小的“事故”。

当时，他正在接听一位客户的电话，而他的直属领导此时恰巧经过，无意中听到了他和客户的讲话。直属领导显然是听到了什么，便停住脚步，站在小B的身后一直听着。直至小B挂上了电话，直属领导突然上前，在小B的身后大声说道：“小B！有你这么和客户讲话的吗？一口一个‘你’，你你你的，难道不会说‘您’字吗？要是这么基本的礼貌你都不明白，这么基本的素质你都没有，以后就不要接电话了。咱们公司如果所有的人都像你一样，早玩儿完了！”小B涨红了脸，敢怒又不敢言，只是用余光看了看周围的几个同事，心想这次脸丢大了，这口气真是不出不行啊！他低着头琢磨着应对的方式，久久没有出声。就在直属领导准备离开时，小B突然抬头说道：“你这样对我太不尊重了！什么‘您’字？在我的家乡大家都是你你你的，没有说‘您’的习惯，大家也都没有觉得不妥。再说了，别人接电话也都是你你你的，你怎么不说？干吗光说我？还有，人家客户都没有说我，对我也算满意，你为什么要挑我毛病呢？你就是针对我，看我不顺眼！你安排的工作我不是都干了吗？！你真是做人有问题，我不和你说了，我去找大领导讲理去！”说完，故意撞了一下直属领导，快步朝大领导的办公室走去。直属领导很是生气，但他并没有跟着小B去找大领导，而是离开去做自己该做的工作，但从心里对这个小B产生了厌恶的情绪。

小B气冲冲地进到大领导的办公室，还没开口说话，大滴大滴的眼泪先掉了下来。大领导见况很有些惊讶，连忙停下手头的重要工作，叫他坐下，有事慢慢说。小B并没有把事情一五一十地告诉领导，而是只说明了自己的委屈，还一边说一边哭，说着说着，连自己都觉得自己在理，错全在直属领导身上了，所以就哭得更加厉害。他认为大领导会先入为主，肯定会站在他这一边；他还认为大领导会找那位直属领导来和他当面对证，这可是个报仇的好机会啊。可他没想到的是，大领导只是用不冷不热的语言安慰了他几句，主要的还是叫他回到工作岗位上继续安心工作，说有什么问题公司一定会替他解决。最终，小B哭也哭了，便无话可说，只能悻悻地走回办公室，但心中还幻想着大领导能为他撑腰，替他出头。

接下来的几天里，小B一直在盼着事情能有进一步的发展，等着领导找他谈话，并在心里盘算好了好几套要说的话，觉得这次一定十拿九稳，不仅能在大领导面前展现自己的口才和雄辩，更能灭灭直属领导的焰气，让他以后不敢随便招惹自己。但让他没想到的是，这一切似乎都在无声中结束了。他的直属领导还像往常一样给他安排工作，但明显态度冷淡了很多。同事们还和从前一样，仿佛什么都没发生过。大领导也是如此，似乎也忘记了他的眼泪，还有他的委屈。见此状况，小B真是气得牙根子痒痒，心里怎么也咽不下这口气。

为此，他使出了自己的杀手锏，又专门跑到大领导的办公室。这一次没有掉眼泪，而是恶狠狠地威胁说：“领导，我告诉你，在你的公司里我受到了非人的待遇，而你却无动于衷，根本不去了解情况。现在，我正式宣布，除非你让我的直属领导在全体大会上向我道歉，否则我就不来上班了！而且我要告诉你，如果一直这样下去，我会到劳动仲裁委员会告你们！”大领导看了看他，什么都没说，继续低头看他的文件。小B搞不清状况，继续说道：“什么时候他给我打电话道歉，求我回来，我再回来上班。就这样吧。”说完，小B愤愤地离开大领导的办公室，回去收拾东西，早退了。

第二天，小B一整天都在等电话；第三天，小B一整天都在等电话；第七天，小B还在等那个根本就不会打来的电话。他心慌了，这时候自己的理性才慢慢出现，让他意识到了自己的滑稽，也认识到了这次真的玩大了。在私自不去上班的一周后，他重新回到公司，礼貌地走进大领导的办公室。还没等他开口，就听见大领导说道：“小B，我还以为你不会再来了呢。现在公司的人手不够用，如果你已经决定回来继续做事，就赶快回到岗位上去工作。另外，过去的一周算你旷工，旷工费财务部会从你的这个月的工资里扣除。有什么问题吗？”小B站在那里，小声地说：“没……没有。那我出去干活儿了，领导再见。”然后走出了大领导的办公室，回去干活儿了。他知道自己签的是三年的工作合约，如果没有大事的话，用人单位是不会主动辞退他的，所以他的工作是保住了；同时他也明白，自己所在的岗位本来就没有什么升迁机会，这件事的发生，更是把升迁的路堵死了。另外，小B还在想着要不要去找自己的直属领导打个照面，但转念又觉得这样做太丢面子了，便没有去。想到这件事未来会成为同事间的笑话，也会让直属领导和大领导对自己另眼相看，小B觉得职场上的人际关系实在是太难搞了，未来会怎样，他心里越来越没有底，感到眼前一片灰暗，干活儿也就更马马虎虎了。

没多久，在一起公司的集体大会上，领导不点名批评了一位新职员，说这位职员平时工作不上进，业务上不熟练，却处处刁难人，还顶撞领导，威胁公司。公司本着体贴职员的立场，这一次原谅了他，但这也是唯一一次，下一次如果还有谁做出同样的事，公司绝对会辞退这样的职员，绝不姑息。小B在台下听着讲话，感觉自己的脑袋像篮球一样大，并对自己在这家公司的前景不抱任何希望了。同时，大会上也不点名表扬了一位新职员，说这位新职员刚刚入职，却表现出了非凡的工作热情，甚至在业务上已经超过了不少老职员，希望老职员发挥自己的带头作用，多给年轻人树立榜样。坐在台下的小A听到这些话，还在暗暗推测这名出色的新职员是谁，自己一定要向他学习呢。

## 人手在职场，身不由己

对于这次“事故”，我想读者一定有很多的问题要问，比如，大领导为何如此冷漠？直属领导难道就没有错吗？等等，等等。但其实，这些问题都不是最重要的，因为这中间存在的最最核心的立场只有一个：这里是职场，不是法院，更不是人类道德的审判所。从道理上来看，小B和他的直属领导的确都有做错的地方。小B确实是不懂礼貌，本来平时就张扬跋扈，因为嫉妒工资高的同事，所以一直带着抱怨的情绪做事，在和客户沟通的时候肯定也是不带好气儿，心想反正不是自己的买卖，那么上心干什么呢？所以说当领导发现了他工作态度有问题的时候，对他进行批评是理所应当的；再退一步说，小B的直属领导也有做得不够好的地方，其实最合适的批评方式是把小B叫到他的办公室里单独说，而不是当着其他同事们的面儿批评小B，这必定会让小B的脸上挂不住，造成他的逆反和报复心理。

之后，小B希望大领导在这次事件中能够扮演大法官的角色，给他辩护的机会，但就像之前我所说的，职场不是法院，大领导也不会、更没有能力做到完全的公正不阿。也像小B最终回来后大领导说的，“现在公司人手不够”，可见大领导一直都只把小B当作一个“人手”，人手走了，再找一个来就可以了。人手做的工作，随便什么人都可以做，少一个多一个，没有什么差别，用谁不用谁，也没有什么差别。再来看看小B的那位直属领导，他可是大领导从很多“人手”中挑选出来的苗子，一步一步培养出来，才走上了中层领导的岗位，是公司重点培养的对象，也是不可多得的人才，即便他在工作方法上有了一点小失误，但平时工作尽职尽责，把所有的精力都贡献给了工作，为公司带来了不少利益，是公司的老臣，更是功臣，也是公司能够正常运作的重要一环，难道就为了安抚一个“人手”脆弱的自尊心，就让公司的老骨干为微不足道的事儿在全体大会上给一个新人道歉吗？这样做，不仅会伤了人才的心，也会让公司里踏实做事的职员看到，公司是非曲直的标准出了问题。这绝对不是大领导愿意看到的事。大领导的愿望肯定是大事化小，小事化了，既不损害人才的面子，也给小B一个台阶下。最初大领导说的话已经很得体了，但没搞清楚状况，又没搞懂自己身份地位的小B把事情搞僵了，这是大领导不愿意看到的，但事已至此，只能做取舍了，而在大领导做取舍时，必定会站在更偏向公义的中层领导那一边。

## 不要做风口上的猪

“站在台风口，一头猪都能飞起来。”这是雷军曾经的一句“至理名言”。看看现在的商业世界吧，已经被营销和炒作包围了。所有人都在谈营销，有钱的都在炒作，这恰恰体现了人类这个物种普遍存在的一种本能：好大喜功和夸大事实。

越是没有真本事的灵魂，越是希望用营销和炒作的方式获得利益，这已经成了21世纪整个世界的商业趋势，不论是公司还是个人，都在制定的政策和职业规划中想要营销和炒作，无论自身目前处在什么水平，都盲目地想要上市，想要成为人上人，这真是太天真的想法了。一万个急功近利的人中，或许真的有一两个人撞大运获得所谓的成功，这种例子并非只出现在成功学的书中，现实生活中也是有的，但那只是极少数，是小概率事件；通过踏实工作，提高能力换来成功的回报率要高得多，可总是有人看不清事实，想要通过投机取巧的方式，达成小概率事件，这样的人往往都死得很惨。

小A和小B在一次公司聚餐中相互认识了，酒过三巡，外向的小B晕乎乎地搂过小A的肩膀，和小A聊起了自己的“宏愿”：“在这样的公司当个小职员，没有发展的！世界那么大，应该往更高的地方闯一闯嘛！你看看我，过去我可是开过公司的呢，可惜遇人不淑，被别人卷了钱跑了！我没有了资本，只能在这种小地方做个小职员，每个月只有那么一点点工资，还签了三年的卖身契。我苦啊，但我知道自己命不该如此！我会发财的！等我发了财，我就要买下这间公司，让我那个领导直接卷铺盖走人！不！不辞退他，我变主意了！我要让他给我做牛做马，使唤他！”

小A拿开他的手，说道：“别这样，小B，你喝多了，都开始说胡话了。”小B又把手搂上去：“没有！我说的都是真的！你看看现在这个世道，只要你肯不要脸，只要你能找到一条捷径，马上就能有名，马上就能营销你自己，炒作你自己。我就在等这个机会，只要上天给我这样的机会，我一定会马上脱颖而出，不再在这种公司受窝囊气，不信你就走着瞧！”

小A再一次拿开小B的手，说道：“我还不太了解你，不过就你刚才所说的，我还是觉得不太现实。做人要看得远一些，不要总是纠结于眼前，我想你和我都没有那种一口能吃成一个胖子的胃。”小B又喝了一杯酒，说道：“那是你没有野心，哪个成功人士是踏实干活儿的？不都是嘴上说那一套骗人的话，什么踏实工作就会成功，不要在意眼前利益，我呸！你瞧瞧那些领导，哪些不是当人一面背人一面，你又不傻，难道你看不到吗？要想成功，就不能老实干活儿，要想别的辙啊兄弟！”

小A回答说：“你说的情况的确存在，但并不可以以偏概全。你看到的成功人士几乎都是投机分子，这我承认，但你不能说所有的成功人士都是如此。那是一种假象，你又不认识任何成功人士，你看到的都是电视里、网络中、媒体上报道的那些成功人士，他们被包装成靠着营销和炒作获得成功的人，为的就是吸引人们的眼球，媒体越是这样，社会就越是浮躁，社会越是浮躁，媒体就会变本加厉。我承认那些没有靠着真本事成功的人很幸运，但谁能保证他们能一直幸运呢？过去媒体力撑的大亨，有多少都迅速陨落了呢？再说，如果这些幸运儿能一直成功下去，也不应该效法他们，因为他们毕竟是少数。你为什么要放弃眼前把握大的小机会，去换未来把握小的大机会呢？”

小B听进去了小A的话，也觉得有些道理，但他才不会在嘴上落了下风，“你说的都是骗小孩儿的话。那些成功人士用这种话来骗你们这些人，好让你们这些人心甘情愿为他们卖命，画一个美丽的前景给你们，最终你们会什么都得不到，等到你们恍然大悟之时，已经到了退休的年龄，等着吧！”

那一次聚餐，小A和小B不欢而散。小A继续在工作上埋头苦干，小B依旧是昏昏沉沉，并没有像他说的那样谋求更好的发展。他有野心，可看到和他一样的人一个个都成为成功人士下面的分母，他也知道自己那一套“风口上的猪”的理论行不通，但是自己又真的是懒惰到家了，更没有努力工作的心气儿，便用“安逸就是福”这样的想法来安慰自己了。

# 所谓的安逸，不过是浪费生命

## 真的有不经奋斗的安逸吗？

安逸真的就是福吗？小B是因为自己的懒惰才用这样的话来麻痹自己。但其他人呢？所有刚刚入职的新职员们，你们也是这么觉得的吗？好不容易大学毕业，开始工作，就心甘情愿地安于现状了吗？赚不多不少的钱，温饱有了保障，世俗的娱乐也可以时不时享有，就够了吗？不要更高标准的生活了吗？看着一些过来人已经成为中层领导，在工作上有所成就，真的不羡慕吗？看着隔壁老王一辈子唯唯诺诺，总是说自己生不逢时，没赶上好时候，难道不替他惋惜吗？也会在心里觉得像小A那样的职员是傻瓜吗？

小B就打心里觉得小A是个傻瓜，并且带着看笑话的心态希望半年考核时小A会被辞退，因为小A的合同里有明确的考核时间和考核标准。等着看小A的笑话，这成了小B在公司工作的一部分内容。他总在打听小A的情况，听到小A工作出色，就会生闷气；听到和自己是一路人的同事说小A的不是，他就连连称快。这期间，自己部门里一个平时不爱说话的同事得到了升迁，他更是气得不得了。不是说这种职位就是拿死工资，没有提升的吗？为什么那个人蔫不出溜地升职了？这中间肯定有猫腻！那个人平时工作也不咋地啊，肯定是和领导有什么关系！类似这种阴谋论的想法一直在小B脑中挥之不去，使他更难投入到工作中去，久而久之，他开始破罐破摔，认为无论自己是否用心工作，都没有机会升职加薪，倒不如做个逍遥派：该上班就上班，该享乐就享乐，安逸的生活也挺好。本来就没有一颗守恒的心，这下子更是放羊了。

其实，这时的小B完全可以辞掉这份已经前途暗淡的工作，反省自己在做这份工作时的错误，好在下一份工作中纠正自己的错误。但他没有。他的短视让他注定只看重眼前的芝麻，而不去过问走一走就可以得到的西瓜。“我才不辞职呢，我要是主动辞职，公司就不会给我补偿金了，可不能吃了这个亏！我要耗着，耗完这三年，除非公司在这期间辞了我。这三年，我可以安安稳稳地过生活，把重心放在吃喝玩乐上，才不能便宜他们！”这就是小B的内心独白。他根本就没有看清这一切，而是轻而易举地把自己大好的三年时光浪费掉了。说是要规划好这三年的私人生活，但一个不会工作的人，又怎么能会生活呢？未来的三年，工作肯定是不会有长进了，生活也会因为他的性格变得一团糟。

起初，他给自己安排的学究般的业余生活，用半个月的工资买了不少占据排行榜前列的畅销书，并天真地以为，这三年中可以读很多书，丰富自己的内心世界；他还买了不少影碟，为未来有高人一等的文艺谈资充实自己；租来的房子里还添置了不少花花草草，也想学着附庸风雅。可是，这种读书、观影又养花的日子过了还不到两周，他就又变回了原来的样子。朋友、同事一撺掇他，他就又跑出去喝酒唱歌了；出了新游戏，他就放下了自己的读书计划，整夜陶醉在电脑前。没过多久，窗台上的那些花草也都枯萎了。

小B其实心里也有挣扎，他很清楚自己现在正做的事和当初自己计划的已经南辕北辙了。都是懒惰和没有节制的性格搞砸了他的生活，和之前搞砸了他的工作与前程如出一辙。小B慌了，在工作上得到了失败的结局，连“人手”这职场上最简单的工种都做不好；而在生活上，他也没有好多少。渐渐地，他有了自卑心理，曾经他总以为自己与众不同，日后必能成才，从小老师也夸他聪明，但就是懒，只要努力，没有他干不成的。但十多年过去了，他的懒惰还是最大的问题，蹉跎了这个聪明的人，时间一晃，已经泯然众人了。他在颓废中明白了一个道理，自己所谓的安逸生活，其实只不过是浪费生命。可他没有改变的办法，也没有改变的勇气，更没有改变的力量，他就像泄了气的皮球，被生活晾在了一边。每一个酒醉后的夜里，他都会独自啜泣，不过，依旧没有什么自我反省，更多的只是抱怨生活带给他的尽是苦难。

小B这样的人在我们的日常生活中太多了，甚至连我们也是这一群体中的一员呢。无论从宗教还是哲学的角度上来看，没有一个人是完全无私的，自私自利是人类的天性，只有有素质和教养的人才能尽量克制自己自私的心（在我们所处的这个国家和时代，这种素质和教养反倒成了怪事）。面对极度自私的人，我们能做的只是不欣赏他们这种无法克制自私心态的作风，却无权定自私人的罪。因此，我在这里并不是批评小B的自私和小气，而是批评他这种随便放纵自己的态度。正是这种放纵自己的态度，让一个人在面对困难时可以轻易地给自己找到借口，欺骗自己，就像鲁迅笔下的阿Q一样，不断用精神胜利法来麻痹自己；还像温水煮青蛙，而且还是青蛙自己煮自己，一步步把自己推向深渊。

## 缺少价值观和信心的失败

从上面的事例我们可以看出小B有多么失败，但批评归批评，我们重要的是要搞明白人为什么会这样，小B这样的人为什么在人类社会中占了如此大的比例。原因有几个方面：

首先是教育的失败，从小就没有树立一个正确的价值观。

没有正确的价值观，这可以算是小B这一群体人的普遍问题，也是我们这个国家正在面临的严重问题。我们在成长的过程中就已经无数次被不正确的价值观冲击，而我们的下一代，正在承受着比我们当时要严重数倍的扭曲价值观的冲击。金钱至上，极度自私，嫉妒，冷漠，变态，青少年性犯罪，无人性，所有这些正通过我们这一代人的“榜样”传递给下一代。

从小事中就可以看到我们的下一代在接受了这些扭曲价值观后的表现：从小就对物质有着无限需求，同学间的攀比已经从我们过去比一比谁的铅笔盒漂亮发展到了比一比谁的古奇包更值钱，比一比放学时来接的车哪辆更豪华；有一部分小孩已经变得极度自私，相比于过去我们在公共交通工具上给老人让座的行为，现在的孩子们却经常和老人一起抢座，这在他们看来是一件有趣的事，在他们的家长看来，也是件无足轻重的事，对其他乘客来说也是如此，因为整节车厢中的人都是缺少教养的大多数，他们从事的大多也只是“人手”的工作；家境不好的孩子在这样的环境中很轻易地就对为富不仁的孩子产生了嫉妒心理，而这种嫉妒，在被那些富有的孩子不断伤害后，又会发展成仇恨心理和报复的行为；孩子们变得冷漠，他们已经觉得保姆为自己背包是理所应当的事，因为大脑中已经有了保姆是自己父母用钱买来的劳动力这一原始野蛮的想法，所以有些孩子对保姆恶语相向，有时还拳打脚踢，甚至还有打骂父母的，或许这都是从他们父母那里学来的吧；富有的孩子把自己扭曲的心理投射到穷孩子身上，穷孩子则把愤怒发泄到小动物身上（当然这不是绝对的，因为也有富孩子参与这种变态的事情），他们用野蛮人的方式折磨、虐待并杀死猫狗一类的生灵，为的只是有趣；另外，青少年性犯罪的概率也在节节攀升，很多为了追求时髦和金钱的青少年，因为没有钱而走上了卖淫的道路，然后再以家里穷、揭不开锅为借口，掩饰自己的初衷。所有这些扭曲的价值观互相融在一起，组成了社会的阴暗面，而这一阴暗面又向光明的地方辐射它的黑暗，造成了普通人价值的败坏，出现小B这样的人也就不足为奇了。

其次是没有守恒的信心，遇见小小的失败就放弃。

没有人是从起初就立志做一个废人的。每个人都期望自己可以获得成功，成为自己最初想要成为的那个人，抵达自己最初想要到达的那个远方。再顽皮淘气的小学生，在新学期开学的第一天也会让父母给他包书皮，在心里立下这一学期一定要好好学习的愿望。比如小明同学，平时很顽皮，在学校里总捣乱，成绩也差，但新学期上学的第一天，他也认真听讲，记笔记，回家还背课文。良好的势头延续了一个礼拜，他真为自己感到骄傲。不过好景不长，小明放弃了这种自我约束，很快，他就会懈怠，记笔记开始偷懒。上课也不听讲了，开始在教科书上画画。回到家里也不写作业了，背课文？更是门儿也没有啊。放了学也不回家了，先和小伙伴儿们在操场上打球到天黑，再有说有笑地一起回家，吃完晚饭后便开始看动画片、玩游戏……一转眼，到了期中考试的日子，看了考试卷子，小明就蒙圈了，咦，题我怎么都不会做呀？！等到成绩下来，小明免不了又要挨父母一顿鞋底子盖。在哭泣和叫喊中，小明又下定决心，下半学期一定要认真起来，不再懒惰，一定要好好学习。然后，他就又开始了为期一周的“奋斗”，并无意外地在一周后自我打回原形。这么一来，在期末考试中，他的成绩更差了，自信心也受到了严重的打击。这时，一颗渴望上进的心就会为了保护自己而退去，换来的是小明同学在心里对自己说：“看来我缺少学习的能力，我不可能成为好学生，我的成绩也不会好了。”带着这样的心理暗示，小明小升初到了一所很一般的初中，三年后没有考上高中，勉强进了一所职高上学，学习两年后也没有考上大专，直接参加工作了。因为学历不高，又多年来养成了懒惰的不良习惯，小明只能从事一些谁都能胜任的工作，成为了一个名副其实的“人手”。

好像这一切都怪不得小明似的，因为他从小就没有得到过老师、家长和同学的帮助，如果在他信心丧失前，在他懒惰的习惯被巩固前，有一个人能够站出来帮助他，或许他就不会变成后来的样子。但真的是这样吗？我们从小被教育时都学过一个词叫“百折不挠”，但这个词就像大多数正确正面的词一样，永远只是一个词语，而不是我们的追求。我们把书本中正确的道理永远储存在书本中，而从现实世界中获取知识，如此一来，学到的都是不正确的思维方式，却没意识到正确的道理其实离自己那么近。

同样，改过自新的罪犯在好不容易走出监狱后也一定想和罪恶说再见，我们不应该歧视这样的人，因为人都会犯错误，他们在狱中已经为他们的罪过受到了惩罚，还清了自己过去的罪，因此他们重新成为自由人，理应获得社会的尊重。而且，从监狱中出来的人中，有很多到后来都成了让人敬佩的人上人，值得人们学习。但话又说回来，也有一些从监狱中出来的人此后又不断地“二进宫”“三进宫”，并非他们不想改过自新，而是因为没有信心，遇到社会上的白眼和过去犯罪同伙的诱惑，又回到了老路上。

两千年前，耶稣曾对他的门徒说过，哪怕有像一粒芥菜种那么小的信心，也可以移动大山。可是这个世界上有的人，连那么一丁点儿的信心都没有。

## 缺少独立精神的失败

除了缺少价值观和信心，小B最大的问题还在于缺乏独立自主的精神，总是随大流，而没有属于自己的路。这在社会中也是非常常见的。

这个世界上什么人最多？随波逐流的人最多。今天的世界随着科技的不断发展正在和过去的世界越来越不同。还记得上世纪90年代初盛行的BP机吗？郭德纲和于谦合说过一段相声，郭德纲提到于谦在90年代上大学时考上了当时的热门专业——寻呼机修理，可是在还没有毕业时就注定失业了，因为没有人再使用BP机，都去使用大哥大了。如今，年龄小一些的朋友甚至都不知道BP机曾经存在过。大哥大越来越小，除了打电话外还有了发短信的功能，发短信也很快成为人们交流沟通最寻常的方式，全世界人民都在发短信。

看一看这几年呢？连发短信的人都越来越少了，因为微信出现了（它的朋友圈功能更是几乎杀死了微博）。过去在地铁里，人们多是听听音乐，读读报纸，可如今都成了“低头族”——低头玩手机的一族。通过观察这一系列的发展，我们知道了规律，就是未来肯定会出现一个新事物来取代如今微信的地位，但谁又能预知把微信淘汰掉的究竟是什么呢？

随波逐流的人肯定不会知道，他们只是盲目地追求着商品社会这架机器推荐给他们的一切。在手机软件界，只有不随波逐流的人物，才能创造出革新的产品，然后让所有这些随波逐流的人成为购买力，让他们心甘情愿地唯命是从。这只是一个比方，其实在生活的方方面面也都是如此。

没有独立精神的人，永远都是附庸着别人的创造，走别人的老路，看着别人的成功眼红，自己也想照猫画虎，最终落得被别人嘲笑的结局。前些年，有一本畅销书横空出世，名叫《好妈妈胜过好老师》。据说，这部稿子曾经辗转几十家出版社，都没有受到编辑的重视，最后，只有一家出版社的编辑慧眼识珠，接下了这部稿子，没想到，《好妈妈胜过好老师》销售火爆，卖了好几百万册。这下一些投机取巧的出版社可就坐不住了，立刻出版了一切跟风之作，什么《好爸爸胜过好老师》《好的家庭教育胜过好老师》《好房子胜过好老师》《好妈妈如何胜过好老师》《好父母胜过好老师》，就差《好爷爷胜过好老师》了！而这些书很快就被浩瀚的书海淹没了，后面跟风的书基本是一堆堆垃圾。

同样的事情在宏观上依旧存在。改革开放这么多年，我们国家的经济已经得到了突飞猛进的增长，人民的生活水平提高了，商品制造业也得到了前所未有的发展，GDP年年创新高，年终报表也是一年比一年好看，但在国际上，“中国制造”四个字似乎已经和“廉价劣质”画上了约等号。近代以来，中国人已经习惯了学习西方的先进技术，而丢掉了独立自主创新的能力。过去，我们连火柴都制造不出来，所以把火柴称作“洋火”，现在，这个词还经常出现在老人的口中，不断提醒着我们就在不久的过去，我们还是一个制造能力极端落后的国家。现如今，我们国家有了先进的制造技术，别说火柴了，火箭我们也发射了不少，但国家科技部门有了创新精神和技术，不代表私营企业也有这种独立创新的愿望。在我国沿海一带，数不清的工业园区，多如星星的私营企业，在制造生产着毛绒玩具、耐克鞋、袜子、电子表、芯片等一系列轻工业产品。而这都是国外发达国家下订单，以低廉的价格采购这些货物；私营企业再用更低的工资雇佣穷人，生产这些商品和零件。如今，几乎随便一件畅销商品上都有中国制造的零件，但我们的这些私营制造商却没有赚到什么钱。因为这些制造商对于外国公司而言，不过是“人手”罢了，你只需要按照我的要求制造就好了，其他的都不让你知道。我国的富士康公司就是这群“人手”中的“佼佼者”，手机、电脑配件、汽车零件，凡是外国公司不屑于生产的，就都交给富士康来做，全都是因为便宜。这家公司凭借给外国公司做“人手”中的“人手”而进入了世界500强，但并没有获得人们的尊重，因为他们并没有独立创新的精神，没有为中国在科技的进步上作出贡献，更不用说这些年还发生了员工跳楼事件、违法加班事件等诸多负面新闻了。

富士康的例子只是管中窥豹，过去有一篇名为《伟大的中华民族为什么一个圆珠笔头也造不出》的文章更是淋漓尽致地对目前我国私营企业缺少独立自主的精神提出了批评，目前，国内生产圆珠笔的产业现状可以用以下几个简短的中心词概括：缺乏核心技术、产量巨大、价低、利润薄。人称“圆珠笔现象”。

我国制笔工业发展至今，已具有相当规模，形成了多门类、多品种的较为完整的生产体系。制笔企业多达3000余家，从业职工数十万人；年产值超过150亿元（出口总值约65亿元），产品远销140多个国家和地区。其中自来水笔、木杆铅笔的产量居世界首位，圆珠笔的产量居世界第一位，活动铅笔的产量居世界第三位。我国已成为一个名副其实的世界制笔业的生产大国和出口大国。在我国生产的各类笔中，圆珠笔的生产量较大，各种圆珠型笔类的年产量达70多亿支，其中70%出口，已成为真正的笔类出口大国，出口地遍及世界各国。

然而，我们并不是世界制笔强国，我国生产的圆珠笔大多属中低档类，其出口平均价格仅为0.03美元／支，而美国著名的圆珠笔制造企业CROSS公司生产的圆珠笔类最低价格在10美元／支以上，其差距是相当惊人的。这其中除了品牌效应外，更关键的还是其产品的高质量提升了产品的价格。影响圆珠笔质量的有外观造型、色泽、书写类型、书写功能和书写质量等，但关键是书写质量，而书写质量的好坏取决于笔头和油墨的质量。其中要求笔头硬度高、书写顺畅、不蚀纸、不易被墨水所腐蚀，这就对笔头的材料选择和制作工艺提出了很高的要求。而对墨水则要求不沉淀、腐蚀性小、利书写、出水顺畅、书写后不褪色等，对墨水的配方、导电性、稳定性、腐蚀性等都有很高的要求。而笔头和墨水的搭配能否达到“兼容”也非常重要。但目前，中国的3000多家制笔企业中没有一家掌握高端笔头和高端墨水制作的核心技术。我国每年生产几十亿支圆珠笔，但笔尖珠芯近90%来自进口，墨水80%进口或用进口设备制造。这些高端墨水和高端笔头，以及笔头和墨水的关键制造设备都是从瑞士、德国、日本进口的，每年用于采购这些产品的费用至少有2亿美元；然后中国制笔企业再配上笔杆，做好电镀、包装，将笔装配成形。这其中，笔头和油墨的成本要占到一支笔成本的70%左右，再加上劳动力以及装配笔的其他要素，平均下来，中国制笔企业做一支笔只能赚1分钱。

国外的笔头加工基本都集中在瑞士与德国，中国的笔头加工基本集中在上海。在设备方面也基本如此，国外笔头设备比较领先的是瑞士，国内该项技术较领先的是上海。无论是国内还是国外，无论是传统还是现代，圆珠类笔头的设备都是由钟表机械改变或演变而来，随着钟表机械的变化或改进，相应的笔头加工设备也随之而改变，这本身就显得较被动，而我国在这方面就显得更加被动。目前在圆珠笔笔头的生产加工设备方面比较突出的是精度、稳定性、检测、产品的合格率以及整个设备的配合联动问题。这些问题制约了笔头的生产，从而制约了国内整个圆珠笔行业的发展。

各位知道自己使用的圆珠笔是中国制造的廉价笔吗？现在可以拿出来，在纸上写几个字，看看是否会出现出水不匀、粘连的情况？另外，你可以回想一下，你使用的国产圆珠笔是不是总会出现笔管儿里还有不少墨水，却怎么写也不出水儿的情况呢？又或者如果长期不使用，再次使用时又不出水儿了呢？我想答案是肯定的。而在使用进口圆珠笔时，的确所有的问题都不再发生了。这真是可悲的一件事。不过不要悲观，宏观社会上缺乏独立自主的精神，并不会突然之间就得到改善，但只要我们从自己做起，从个人做起，人人都做一个有独立自主精神的人，那么我们这个民族和社会自然就会从量变到质变了。

不幸的是，没有人告诉小B这些，他并不知道自己不过是乌合之众中的一员罢了。他继续在公司中浑浑噩噩浪费着自己的生命。不知不觉间，入职已经快半年了，小A的绩效考核时间也快到了……

# 问心无愧，才有可能成功

## “不要放弃”的神奇力量

离小A绩效考核的日子不远了，小A虽然心里很是紧张，但仍旧自信满满，因为他深知自己已经按照自己的要求尽全力把事情做到最好了。谋事在人，成事在天，他只求问心无愧。他爱打篮球，几个活跃在美国职业篮球联赛的中国人更是他平时学习的榜样，尤其是华裔篮球运动员林书豪，他的成功故事更是让他非常感动，希望自己在职业的梦想上也能像林书豪一样通过努力获得自己想要的结果。

小A坚信，仍然有人为梦想活着。林书豪经常跟队友说的一句话就是不要放弃。即便他不在赛场，只要参加和篮球有关的活动，他总是要把这句话挂在嘴边。2011年5月，林书豪回到浙江嘉兴平湖中学，延续外祖母在学校设立的奖学金。他与学校的几百名学弟学妹进行了交流，当时小A就是该学校的毕业生，那段时间正好回学校打球。趁此机会，他还在老师的帮助下，和林书豪切磋了技艺，交流了经验。

当时，林书豪的膝盖动完手术不久，不能上场得分，只能在场外充当“临时教练”。但是当他看到自己的队伍大比分落后时，就再也按捺不住了，他不顾伤势，亲自上场参加比赛。

小A当时是林书豪的队友，他回忆当时的情景说：“我们落后很多，他激励我们说终场哨声没有响，我们就还来得及。”在场上，林书豪绝对是众人的中心，队友都希望他能够多进攻，多得分。林书豪虽然知道大家的期望，但还是尽量把球传给队友，为他们争取得分的机会。对此，小A十分感动：“虽然最后还是输了，但我们没有遗憾。”

为了队友，林书豪不顾伤势复发，毅然上场拼抢。这种为梦想而活的精神，并不是每一个人都能够具备的。特别是对于职业球员来讲，伤病往往是致命的，伤病一旦复发，无疑会给未来的上场机会带来未知的变数。但是队伍比分落后，林书豪不能眼睁睁地看着，这就是梦想的力量。让小A等平湖中学的学生感动的，不仅是林书豪身体力行的榜样作用，更是他对同学们的激励。

在学校欢迎林书豪的仪式上，林书豪作了简短的发言。也许爱好体育的人话都不多，林书豪也不例外。但有一句话使众人产生了强烈的共鸣："不管你喜欢什么，都要努力去做，做到最好；不一定只是篮球，你要去追逐梦想，不要别人告诉你能或者不能。"

林书豪就是这么做的，他一直为自己的梦想而活。对于梦想，他永远不会放弃，他似乎与生俱来就是为了完成这个梦想的。一个人没有梦想，等于生活没有目标；没有目标，就没有奋斗的动力；不去奋斗，就很难在社会上立足。因而，为梦想而活，是每一个有志青年应该毕生践行的信条。

不单林书豪是为篮球梦而活，NBA赛场上叱咤风云的姚明、易建联和孙悦，也都曾为了篮球梦，付出了难以想象的努力。

## 从垃圾时间开始的梦想

姚明28岁时，迎来了他职业生涯最后关键的时刻——争夺总冠军。这不仅是姚明的梦想，也是火箭队的目标。当时，火箭队为了这个目标做了一系列的准备工作，比如引进阿泰斯特。如此一来，火箭队的阵容变得十分强大。无论是主力还是替补，无论是内线还是外线，火箭队都势在必得。内线方面，有兰德里、海耶斯、多西，以及以沉稳著称的巴蒂尔；外线方面，火箭队得到了巴里，另外布鲁克斯的状态也很不错，最值得一提的是“弗老大”蓄势待发，时刻准备为火箭队摘取总冠军。

当然，火箭队最倚重的，还是姚麦两巨头，特别是姚明。当时，姚明在火箭队已经是绝对的主力，但是上场多了，受伤的机会也多了。在之前争夺总冠军的几个赛季里，姚明深受伤病的困扰，而且都是导致姚明无法上场的“重伤”。之前，姚明因为伤病，在常规赛的平均出场次数只有54场，对球队的贡献实在不多。特别是骨折这一大伤，让姚明提前告别赛场，也让火箭队在季后赛期望更上一层楼的梦想破灭。因而，对于这次总冠军，姚明势在必得，但是绝对不能再受伤了，否则将是姚明NBA生涯中的一大遗憾。

所幸的是，火箭队当时人才济济，为姚明养伤赢得了充足的时间，因此，在争夺总冠军的赛场上，姚明可以以良好的健康状态参赛，为火箭队争夺总冠军作出了很大的贡献。几乎没有停过的伤病，是姚明NBA生涯最让人印象深刻的地方之一。他为了梦想而长期活在伤病里，这种痛楚是常人难以理解和体验的，而这一切在姚明眼里，只化为简单的一句话：要总冠军，不要伤病。

易建联刚去NBA时，并没有引起太多的关注，因为与姚明相比，他的个头以及技术水平都远远比不上姚明。因此，他必须更加努力，争取早日在新泽西网队中有出色的发挥。虽然易建联在国内很受称赞，但在NBA这种高水平的联赛中，他的表现并没有多少让人称赞的地方。在四场季前赛中，易建联还突显了他在防守方面的许多问题。机会难得的是，当时的新泽西网队最需要的并不是防守型的球员，而是进攻型的。这很大程度上降低了易建联在防守上的不足给球队带来的损失。

新泽西网队之所以定下这种策略，是考虑到在球场上，进攻比防守更能赢得喝彩声。因此，吸收更多进攻型的球员，就能为球队吸引更多观众，进而为球队赢得较高顺位的选秀权。可以说，是新泽西网队的这种策略为易建联早期的NBA之路扫除了不少障碍。经过几个赛季的比赛，易建联稳稳当当地进入了新赛季球队的首发阵容。然而，像易建联这样的大前锋比比皆是，易建联想要战胜其他对手，就必须在其他方面多下功夫，才能在NBA立足。提升自己的实力和技术，这才是根本。因此，易建联在训练上多下了很多苦工。

孙悦到NBA的时间比姚明和易建联都要短。他是在北京奥运会上被挖掘出来的，在奥运会上的精彩表现使他赢得了进入湖人队的“船票”。能进入高手如林的湖人队，这对于孙悦来说已经是莫大的成功了，能进入湖人王朝，是他当时想都不敢想的事。“禅师”杰克逊也一心想重建湖人王朝，而当时的湖人队拥有科比、加索尔、奥多姆、费舍尔等“天王”。因此，能在这样的湖人队获得上场机会，是十分宝贵的。孙悦也在不断争取上场机会，但强手如林，他的机会并不多，即便有，时间也不长。虽然是零零碎碎的时间，但是孙悦每一秒钟都进入了状态。他认为，再垃圾的时间都是锻炼自己的好机会，毕竟他在NBA的生涯才刚刚开始。正是在这种即便是垃圾的上场时间，也要让篮球梦尽早实现的可贵精神鼓舞下，孙悦赢得了越来越多的上场机会。

无论是姚明长期活在伤病里不能上场，还是易建联以并不突出的身体条件和技战术水平从高手中脱颖而出，还是孙悦珍惜哪怕是一秒钟的上场时间，我们都可以看出，为梦想而活实属不易。因伤不能上场，梦想显得很近却很远；自己没有什么特色，梦想显得患得患失；在无关痛痒的上场时间里为梦想而活，梦想显得可有可无，但即便如此，姚明、易建联和孙悦，以及小A的榜样林书豪，都没有放弃实现梦想的每一个机会、每一秒钟。

抓住了每一个机会，珍惜每一秒钟，梦想就有可能快得让你意想不到。尽管毕业于哈佛大学，尽管在选秀时不尽如人意，尽管签约后反复被裁，尽管长期坐冷板凳，但是这些都不能阻止林书豪实现一流球员的梦想。他终于等来了在尼克斯队的爆发。

从前景渺茫到一片光明，上天只给了林书豪一周的时间。这短短的一周，相对于之前漫长的默默无闻的时光来说，简直可以忽略不计。但巨大的落差就在这微不足道的时光里逆转。这一周之前，他还担心自己什么时候又会被裁掉，但这一周之后，他已经成为尼克斯队的主心骨，并破例入选了全明星新秀挑战赛。后来的林书豪，不仅闯入了NBA的MVP榜单的前十名，还成为《时代》杂志亚洲版的封面人物，今非昔比。

有谁能够说，这不是为梦想而活应得的结果？有谁能说，这不是每一个年轻人为梦想而应该做的努力？梦想是这样一种东西，当你拥有时，你就拥有了力量，当你失去时，你就陷入了思想上的亚健康，看上去并无不妥，但却总是少了些什么。

想到林书豪的故事，给小A很多启发。这位华裔球员原来不过是一个打酱油的鸡肋球员，只是职业篮球上的一个“人手”，但凭借自己的努力和不放弃，最后终于脱颖而出，成为这一行当中的佼佼者。在职场上，小A用同样的努力对待自己的工作，渴望获得认可，争取到更好的职位和更好的薪水。另外，在处理人际关系上，他也展现出了不俗的能力。无论是同事还是直属领导，在工作中都对他赞不绝口，大领导更是对他刮目相看。部门里的每一个人在小A入职后没多久就看出他可以留下来，大领导也早就肯定了他的工作态度，准备重点培养他。只有小A自己“当局者迷”，并不了解这一切，反而心中还会对即将到来的绩效考核有些小忐忑呢。

没有出任何意外，小A顺利通过了半年的绩效考核，获得了更高的薪资待遇，未来等待他的会是更高的挑战。但是小A已经准备好了，不是吗?

小A和小B是职场新人中最常见的两种人，以我多年工作经验看，小A永远是少数人，小B是多数人。在从“人手”向“人才”攀登的过程中，小A已经扎扎实实地走好了第一步。

职业生涯占据成年人最重要的人生阶段，它承载着我们的梦想和眼下生活的质量。刚入职那几年是非常重要的阶段，也是最关键的方向性的几步，走对了，就是一条不断有挑战、不断有激情的光荣之旅；走错了，就自此消声匿迹于90%的人群中。

# ANSWER

## 不是答案的答案

### “信念”的力量让你成为10%

小A具有坚定的信念，这个信念有巨大的力量，一直提振他的信心，使他产生更大的力量。这种力量使他相信自己，即便没人相信他，像小B那样的人还否定他，但他仍旧相信自己。

奥里森·马登博士，和卡耐基一起被世界公认为美国成功学的奠基人、伟大的成功励志导师和成功学之父，他的《信念力》让读者明白，正确坚定的信念力，可以逆转人生，使人生奇迹般地摆脱物质和精神的双重贫困，实现安宁内心、力量强大、物质充足、身心健康。

400所欧美日韩高校用这本《信念力》教育自己的学生，500强企业机构指定《信念力》培训员工，如果林书豪看过《信念力》这本书，我毫不意外。小A的成功，正是对《信念力》的完美践行，对照一下就能明白。

《信念力》认为，对自己的定位是你能否取得成功的最好尺度。小A从一开始选择职位时就定下了并非遥不可及的目标，并没有像小B那样怀疑自己的能力，选择一个相对容易的工作。所以最后升职加薪，提高自己的地位，便是他起初对自己定位准确的一种回报。

《信念力》指出，如果你认为自己行，你就一定行；如果你认为自己不行，你就注定不行。小A在面对工作时从未怀疑过自己，也从未对工作的意义产生什么疑问，他只是单纯地做好自己的工作，不乱想，不出格，不患得患失，带着一股子傻劲儿完成每一项工作。反观小B，从选择职位时在潜意识中就带着对自己的不信任，对待工作也是敷衍了事，从心里就对自己没有信心，导致了后来干什么都干不好，自暴自弃，没有了朝气。其实，只要有了心中的安宁，有了笃定，就算事情出了差错，仍然可以坐下来思考对策，仍然可以从噩梦中醒过来，以微笑面对，最终一切都会变好的。

《信念力》强调，勇敢地进行自我肯定能够带来巨大的创造力。小A的榜样林书豪则说："有一些偏见认为亚洲人比较缺乏体力，不能打篮球。但我觉得亚洲人在体育方面还有很多没有被肯定。对我而言，速度一直是我的强项。在运动方面，速度真的对我很有帮助。"他还以自己的华裔血统为荣。

《信念力》说，应该养成一种习惯，把我们渴望的目标当作已经存在的现实。小A起初虽然收入低、职位低，什么都低，但他并没有把自己想象成一个失败者。他每天的作息都是健康、快乐、中层收入群体式的。这种生活方式并不会增加生活上的经济负担，却能使一个人有健康的心气儿，从内而外地散发一种高人一等的气势。

《信念力》说，一个人的精神高度，决定了他将得到什么。大胆地明确你想要的东西，它就会出现在你的生活中，被你所拥有。还有，要把成功的渴望保持在沸点，而且要把全部努力投入到实现目标的过程之中。信念的力量驱动着我们的肉身，让藏在内心深处的潜能拯救自己，它教导人们，起点在哪里不重要，朝哪个方向走才重要，并最终能带来真正富足的人生。

# 第四章

# 一流的执行力，超越“人手”阶段

# QUESTION

## 职场第四问

### 怎么从“人手”升级为“人才”？

如何从人手升级为人才，这是每一个职场人都关心的问题，只有解决了这个问题，你才能在职场上“步步高升”。其实这个问题并没有一个十分清晰的答案，每个人都需要面对不同的问题才能保证自己在职场上不掉队。作为一个过来人，我想说的是，人才不是谁都能当的，但是人才是从每一个人手里成长出来的。

我常跟年轻人说，成为人才最好的方法就是待在人才堆里，那些人才会言传身教地让你知道人才原来是这样的，人才应该这样做事情，人才应该这样处理问题，人才应该这样成长。在一个公司里，特别是大型公司，往往有各式各样的人，也有各式各样的人才，你只有用自己的眼睛仔细辨别，用自己的头脑仔细思考，才能够选中值得学习的对象。还应当记住的是，不管公司里其他的人在干什么，你应该一直在工作，这样你才能进步，才有一丝成为人才的希望。因为人才不是大忽悠，不管是滔滔不绝型的大忽悠、季春生型的大忽悠还是导师型的大忽悠，各种各样的大忽悠，无非是利用人性中固有的弱点：贪婪。只要你不贪，就可以保证不被这些大忽悠所忽悠。记住，要成为人才，必须远离这些大忽悠。

与此同时，你还必须远离墙头草，这种职场两面倒，只会让你变得圆滑世故，久而久之，便成为领导眼中的职场“隐形人”。隐形人有多苦恼，只有当事人才知道，不做隐形人就只有生死突围，这时候你就会后悔当初不该接近墙头草。

在职场中，除了远离应该远离的人，想要成为一个人才，还必须用心干活，有一点匠人的精神。在工作中，再小的细节也需要你用十分的努力去重视，只有重视细节，你才可能成为决定成败的人。通过不断对细节的打磨，你会不断提高自我认识，加强自我学习，最终实现自我领悟。

本章继续小A的职场之旅——

# 在人手中成长为人才

## 有人傲娇、有人呆萌，你要踏实干活

顺利经过了半年绩效考核，小A得偿所愿，不仅工资翻了一倍，还成为公司精英部门中的一员。进入新部门，小A深深地体会到新同事们都和过去的同事不一样。

首先，从穿衣打扮上就不同。过去在初级部门时，同事们穿着都很随意，张扬自己的个性，有嘻哈风格的，有哈韩的、哈日的、哈尔滨的，有英伦风的，有美式的，有运动风的，有杀马特的，有无印良品性冷淡风格的，有“绿茶婊”风格的，还有“学生风”的，总而言之，整间办公室就像群魔乱舞一样。每个人的个性融合到了一起，却给人一种想要呕吐的感觉。反观如今的新同事，他们曾经可都是从“人手”的群体中脱颖而出，才来到这个部门的。但是，小A却从他们的穿衣打扮上看不到任何“个性”的表现。

男同事一水儿都是干净大方的衬衫加工裤，做工考究，不凸显自己，只是在细节上有小心思。看起来每一位男同事的穿着都差不多，但细瞧又都不同。他们就像一个部队，每一个人都穿着几乎同样的衣服，但又可以用不同的细节表示自己的与众不同。女同事的选择多一些，也更时尚一些，也与过去部门的女同事那些吓死人的打扮不同，新部门的女同事们很明白穿衣服最重要的不是流行什么就穿什么，而是穿那些能遮住自己缺点的衣服。有的人屁股大，就总是穿各种款式的长衫，可以盖住屁股；有的胳膊粗，就从不穿无袖套装；大腿粗的，就穿长裙；小腿粗的，就穿裤子。另外，新部门女同事的化妆风格也和过去的女同事非常不同。过去的女同事，总是把自己化妆成花枝招展的样子，脸粉粉的，眉毛细细的，睫毛弯弯的，或者脸上还会有些闪亮的小点点，完全不像职场上的职业女性。新部门的女同事就完全不同了，她们的化妆重点主要是让自己的皮肤显得白皙，白是最重要的，尤其是职业女性，经常会有加班和睡眠不足的情况发生，一般来说第二天脸上就会出现水肿或者黑眼圈的现象，这一点比男人要严重得多。用了那些价格不菲的化妆品，可以让职业女性一整天都看起来精力十足。

另外，小A还发现，新部门的同事比过去的同事都更懂得如何生活。在新部门里，小A不再是唯一一个骑车上下班的职员，也不是唯一一个中午出公司散步的人了。在这里，每一个人都对生活有自己自由独立的看法，每个人都按照自己最舒服的方式工作和生活，而且，他们的效率还非常高。小A不禁感叹，过去自己是原部门效率最高的，现在在新部门里都快成为效率最低的了！如果换作别的什么人，也许就会经受不住压力，变得自暴自弃，但小A绝不是这样的人，他通过自己的努力，已经在从“人手”升级到“人才”的路上了，绝不能就这样放弃，小A常把自己比作《圣斗士星矢》中最弱的青铜圣斗士，要像青铜圣斗士们那样，虽然底子薄，能力弱，但凭借自己的努力也是可以战胜白银圣斗士和黄金圣斗士的！

虽然目前同事们的工作能力都在自己之上，但小A并没有嫉妒他们，而是在工作上遇到问题时都向新同事们请教。另外，小A还在暗中偷偷学师，看比自己出色的同事是如何和客户打交道的，看比自己出色的同事遇到问题时是如何处理的，看比自己出色的同事是如何安排自己工作的。一段时间下来，小A已经把不少别人的经验变成自己的了，这对他的工作有很大的帮助。这段时间里，他感觉自己就像金庸小说中的男主人公一般，总可以从各路各派的高手身上得到真传，东学学、西学学、南学学、北学学，眼看着短时间内自己的工作能力就涨了不少，这让他感觉很受用，每天工作的心气儿也就更高了。这是一个良性循环，学得多，导致能力提高得快；能力提高得快，会让心情变得好；心情好了，学得就更多。长此以往，小A就追赶上了同事们的步伐，在新部门里得到了同事们的一致好评和尊重。（还记得小B吗？此时他还在最基础的部门里被当做“人手”使用，在三年的合同中煎熬着呢！）

随着自己能力的上升，小A也开阔了自己的视野，让自己上升了一个台阶，看得明显更远了。小A现在距离脱下“人手”的标签，升为“人才”已经很近了。但就是在这一阶段，小A却遇到了自己的瓶颈。他感到自己无法再从周围同事身上学到新东西了，这时他不知道自己还能如何提高了。甚至，他还能发现周围同事们身上的一些问题了。

## 撒娇卖萌，寸步难行

小A在平时的工作中首先发现的就是女同事的撒娇和卖萌，这是最叫小A受不了的。首先咱们就来说说撒娇。

“撒娇”这个词，可以说是职场上唯有女性才会用到的招数（当然，少数仅身份证上显示性别为男的“男人”也会使用这招，想想就想吐啊），也是难度最大的一种旁门左道。熟练这一招数的职业女性几乎都被一种思想洗了脑，那就是女人在职场上一定要懂得示弱，一定要扮作一脸天真，如果样貌姣好就更上一层楼，能获得所有人的帮助，尤其是男性朋友；如果职业女性做起事来十分认真，一五一十，别人就会说这个女人像男人一样，那么这个女人在职场上就会寸步难行。

真是天大的讽刺啊。全球的职业女性都在为男女平等努力着，作为男人，小A也非常赞同女性为了获得合理的权益所做的一切。但是，就是这些平时高喊男女平等的女性，在职场上却在做着有损这一立场的事情。利用男性认为女性柔弱的心理来算计男性，使用假纯洁、撒娇的方式来让男性替自己完成自己没有能力做好的工作，不仅如此，还把这样的行为上升到“在职场上撒娇是正常”的高度，不容置疑。这样的女性，真的是给广大在事业上想要有所建树的职业女性脸上抹黑。

按照这些“撒娇分子”的话说，最见功底的就要数对客户撒娇了，小A最见不得的就是女同事对客户撒娇的样子。做业务的都知道，想要签一笔好价钱的订单有多不容易。往往一名业务员要身经百战后才能磨炼出一套成功率较高的谈判技能，适当的恭维，不容置疑的底线，实际困难，与互帮互助，这些都是商业谈判上重要的步骤。不过，一些职业女性有损女性形象的撒娇行为，却玷污了整个商业谈判的模式。小A就曾见到自己的一位女同事在和客户谈判时撒娇的场景。女同事用嗲嗲的声音说道：“刘总，您吃肉，也要让我这么一个弱女子喝口汤嘛，您要是不给我喝，我可要从您嘴里面抢肉肉吃了哦！”这种暧昧的话让小A直接一哆嗦，冷得鸡皮疙瘩起了一身，更何况那位刘总了，直接防线崩溃，连声说好好好，好好好。如果有人说，为了生存，这样的做法无可厚非，那我也无话可说。读者们可以仔细琢磨琢磨，如果一切的商业谈判都变成了这个样子，那么公司为什么还要从本科生、硕士生、博士生中选拔业务员呢？直接从夜总会挖人就行了！

那些熟练运用撒娇招数的职业女性还会在网上搜索一些相关的秘笈，好充实自己这一招数的不同招式。她们就撒娇的尺度、技巧、时机、方式、语言都要综合考虑在内，才能达到“最好的效果”。不说下流话，但又要把普通的字眼说出暧昧和谄媚的味道来，这不是每一个下作的女性都学得来的，而但凡有了这种“天赋”，这个职场女性就会被同僚们尊称为职场上的“霹雳娇娃”，并冠以性感、机智、勇敢这样不嫌害臊的辞藻来赞美她。这真可谓是职场乱象中的一帧啊。

这几年，网络流行语中出现了一个叫“卖萌”的词，意思就是故意装可爱，以此打动别人。职场上，除了暧昧不明的撒娇之外，“卖萌”也成了职业女性独有的一种潜规则。更有甚者，已经将这种伎俩上升为学说，在网上发文，引来无数职业女性围观，真是不知该说什么好了。文章中提到职场潜规则中卖萌需要很高超的“技术”，“萌”，现在不仅仅是指可爱、卖萌，它从漫画中走来，进入到了职场中。还说职场中的“萌”其实是一种解压方式，也是一种生活态度，卖萌越来越受到白领的喜爱。一些职场新人更是“无萌不欢”，把刚走出校园的那种萌劲也带入工作中来。

其实，卖萌只是女性征战职场的武器，是为了掩饰自身能力低下所表现出来的一种避重就轻的状态。我不否认，在男员工较多、女员工男性化的公司里，一个长得挺好看又会撒娇的姑娘，会很容易获得众人的怜悯之心与包容之情，只是，那些喜欢卖萌的职业女性却常常忽略了度的问题。凡事皆有度，不可能有男同事可以一直替卖萌女同事收拾烂摊子的。这就是职场，说男女平等也好，不平等也好，最终都要拿业绩说话。为了在事业上有所成就，男性在职场上真刀真枪地拼杀，女性也应该如此，无限放大所谓的性别优势，只能暴露自己能力的不足。所以，与其费尽心思求人包容，倒不如摆正姿态，让自己真正地强大起来。否则，无论是卖萌还是撒娇，这样的职业女性都只会让人作恶。

# 人才不是大忽悠

## 职场大忽悠的生存之术

经过一段时间的成长，小A对职场渐渐有了自己更深刻的思考，他发现有一些同事其实工作能力并不像他想象中的那么强，甚至可以说是很弱也不为过，但每一次重要的工作却又能保质保量地做完，让他觉得非常不可思议。小A心想，难不成这些同事都是高手，不显山不露水，关键时刻才见真章儿？但似乎又并不是如此。小A决定私下里偷偷观察，弄明白这其中的“奥秘”。通过一段时间的观察，小A终于掌握了这些看上去能力不足的同事为何能出色地完成任务的真正原因：大忽悠，嘴皮子说得一套又一套。

如果说忽悠也是一种技能的话，那么小A的周围就有几个忽悠界的天才，忽悠的本领几乎可以和赵本山在小品中的表演相媲美。当然，我所说的忽悠是一个中性词，没有褒义，更没有贬义。忽悠并不犯法，更不是犯罪，忽悠是诚信与欺骗中间的灰色地带，这片灰色地带非常巨大，也非常模糊。在职场上，几乎我们所有人都有落入忽悠的灰色地带中的危险。当你还是一个“人手”的时候，很少能感觉到忽悠在职场上的影响力，因为你只是个“人手”罢了，没有利用价值，所以，那些拥有忽悠技能的人没有必要忽悠你，你还不配被忽悠。

不过，随着你的能力提升，慢慢地，从一个“人手”变到“人才”的过程中，身份变了，价值也变了，这时，你就会发现开始有人忽悠你了。很快，你就会发现，原来“上层”的工作生活中充满了忽悠，仿佛哪里有空气和水，哪里就会有忽悠的存在。更不用说在职场这个江湖一般的地方，你的身份越高，获得的机遇越多，四周就越会充满各种诱惑和陷阱，大忽悠就在暗中看着你，在我们不知不觉中，他们已经将我们锁定，找准时机就会拿你下手，等我们意识到的时候，可能宝贵的职业生涯已经被这些大忽悠拐跑了，走了十八弯的路，让人后悔不已。

小A的周围就有几个大忽悠。其中一个是滔滔不绝型的大忽悠，他最显著的特点就是口才特别好，讲起话来滔滔不绝，所以小A尽量不去主动和他说话，否则说着说着就会变成这个大忽悠在长篇大论，完全不容别人打断，可以洋洋洒洒地胡喷一下午。虽然小A觉得这种人非常讨厌，但是他的工作却进行得很顺利，不少客户都被他忽悠了，因为他可以熟练运用中文语言上的多种技巧，用吐沫星子淹死人，仅仅几分钟的时间便让客户失去了自主的判断能力，掉入他的陷阱，和他签订单。听这样的人和客户谈业务或是打电话，小A眼前常常会出现一副演小品或者说相声的画面。换作别人，也许会觉得这种大忽悠是个奇才，可以为公司赢得很多利益，但是小A并不欣赏他，觉得他这样的嘴皮子功夫只算是捞偏门，不算真正的业务精，事后也会给自己带来很多麻烦，有不少客户一开始被忽悠了，但是后来发现事情不对，来公司里投诉，也不是一次两次的。虽说这个大忽悠每次都能逢凶化吉，但常在河边走，哪有不湿鞋的呢?

小A不光是不欣赏这样的大忽悠，还会假设自己是他的客户，思想如何可以破解他的忽悠神功。没多久，小A就总结出了一套对付他的方法：首先，最简单的方法就是注视着对方，装作仔细聆听的样子，任他胡说八道，点头称是，但是心思却放在自己要讲的话上。如果对方道行太深，自己招架不住，完全可以说今天还有事，过几天再说，然后拔腿就走。惹不起，躲得起嘛。一定要记住，遇见能说会道的人，一定不要被他的思路带跑，也不要轻易地做决定，因为经历了大忽悠的信息轰炸，再强大的大脑也会蒙圈，几乎无法作出正确的判断。所以，面对这样的人，一定不要听他在说些什么，而是要看他究竟做了什么。绝对不能有侥幸心理。

## 不贪是大忽悠的克星

另有一种大忽悠是小B型的加强版。他和小B的思维方式一样，但因为在某些方面很有天赋，所以在事业上比小B成功得多，但终究是有着不正确的价值观和做事方法。这种人比失败者强，但也仅仅是如此，想要成为成功人士，简直是门儿也没有啊，因为路就是错的。这类人的特点是他们对于业务知识非常精通，对社会的看法非常世故。他们可以对所有新的商业模式和发展前景做出独具慧眼的、十分深刻的、自信满满的分析，但其实那些分析不过是从其他书本中借来的罢了。客户没有看过那些书，还觉得遇见了奇才呢！另外，他们对所处行业中的龙头老大看似也有很深的了解，哪个老板是怎么发家的，哪个老板背后有什么关系，哪个老板有见不得人的事儿，这一类的大忽悠全都知道，并且喜欢侃侃而谈。小A就见过一个这类的大忽悠，一天会见5个客户，和每一个客户聊天时说得几乎都是同样的话，完全就像一个演员！客户上套了，当大忽悠说得正带劲儿时，他们仿佛看到了未来的李嘉诚和乔布斯似的，恨不得马上就签订单。通过平时的聊天，小A发现这一类的大忽悠和小B一样，早就说要自己出去下海创业，却只是动嘴皮子不动屁股，问他们为什么，他们就只是笑而不语。没几年的工夫，这些人的头发就会一天比一天少，身体也会发福，成了马路上常见的那种大叔，一辈子的级别也就到这里了。

小A总结出面对这种人时的策略：和他们交谈时绝对不要认真，要把会面当作一次采访，把自己当作记者，去采访精神病患者，把他们所说的都当作八卦新闻。同时，你可以带着戏谑的态度和这种人聊天，聊聊最新款的数码产品，聊聊奶茶妹妹和刘东强，聊聊苹果手机未来的发展，尝试自己是否能够把别人的思路带跑，以其人之道，还治其人之身。

还有一种大忽悠，是季春生型的大忽悠。还记得《我爱我家》中葛优客串出演的大忽悠季春生吗？他号称自己发明了一项新的技术，可以点水成油，用了他的技术，海水就能被制成石油，无奈没有得到有关部门的重视，才沦落到行乞的地步。在电视剧中，季春生忽悠的谎言立刻就被揭穿，但是在现实生活中，很多个小季春生还在拿这种不着边际的谎言忽悠人呢。这类忽悠的特点有三：其一，一定是号称他的想法独一无二，按照他的想法来实施的话就会给行业带来突破性的技术，为民族工业的发展作出巨大的贡献，一副“下一届诺贝尔奖得主，非我其谁哉”的嘴脸；其二，是逢人就说，并且利用互联网广泛散布自己的谎言，不断炒作自己，提高自己的知名度，以获得暗地里的利益；其三，虽然广泛散布这些信息，却绝口不提他的具体想法，并且以保密为借口，故作神秘，凸显出自己高人一等的样子。这明摆着是在等人上钩，此时如果真的有二傻子信以为真，特意请教大忽悠，就等着上当受骗吧！

碰巧，小A在一篇名为《职场上如何防止忽悠和被忽悠》的文章中就看到了类似的大忽悠，作者写道：

我去年碰到过一个河北的企业家，号称发明了一种革命性的润滑油产品，正在寻找合作。但是到底什么样的产品，人家就是不说，说那是机密，反正就是告诉你：这事情要是成了将制造一大批富翁。言外之意就是，你别问那么多，跟哥干将来必然是吃香的喝辣的。还有一个“企业家”，也是号称发明了什么新技术，然后把商业模式说得让你无法挑剔，恨不得立刻投奔大哥。

有时候这类忽悠很难识别，因为他们中的有些人确实会有自己的事业基础，所以让你对他们很信任。并且他们也会表现得比较大方，甚至很诚恳，该花钱的时候花钱，让你觉得挺靠谱。但是本质上他们还是在忽悠。他们压根儿就没有真正的产品，即使有也被吹得天花乱坠。这些人或许是为了忽悠到国家的扶持，或者是扩大影响力，总之都别有目的。

总之，千万不要指望这些人可以带你玩，他们只会利用你，绝不会带你玩的。

你只要相信一点便可免疫：技术创新是有客观规律的，绝不会短时期内出现革命性的突破，即使有也不会在中国发生，即使在中国发生了也不可能轮到你去搅和。

## 一时忽悠，一世可怜

小A发现有个同事除了为公司干活儿外，在公司外面还接私活，或者是另有业务。小A有一次就看到自己的同事给客户的名片并不是公司负责给每个人印的名片，而是这个同事私下印制的，上面不光有他本职工作的头衔，还多了一些某某机构名称和职位，用来为自己争取更多的利益和忽悠客户。

这种人主要都是打着“资源整合”的幌子，自称是“全能买办”，或者叫“商务开发”，其实就是投机倒把。这类大忽悠在讲话时一定要时不时提到自己跟某某重要人物关系很好，或者吹嘘某某上百亿的项目都是他在其中穿针引线才得以实现的。他们一会儿说到东北工业的问题，一会儿又扯到新疆的棉花生产，或者海南的房市，整个中国都不够他说的，一准儿还要提到亚非拉，英美日更是不在话下。这么做的目的，无非是为了显示出自己人脉很广，路子宽，给钱什么事都能办到。

令小A感到非常诧异的是，很多客户居然非常吃这类忽悠的那一套，这让小A对这些客户的智商产生了一定的怀疑。他们为什么不想想，如果这个忽悠真的那么牛的话，为什么在这间不大不小的公司里连中层领导都还不是呢？小A想不通，但人或许就是这样的，只相信自己愿意相信的，就像买一注两元钱的福利彩票，没有人是单纯为了公益事业献出自己的两元钱，每个彩票购买者，无论买多买少，就愿意相信自己手中的彩票就是一张500万元的存折，直到开奖后才会相信那不过是一张废纸。同样的道理，被忽悠的人在整个过程中都愿意相信自己的判断，都愿意相信那些忽悠都能成真，直到谎言彻底被揭穿的那天，他们才会痛哭流涕。一切，还不是因为一个贪字吗？

经过小A的分析，他认为其实这类的大忽悠主要是夸大自己，让别人误以为他是一个关系多、路子野的人，而实际上他很可能什么都没有。反正小A从来没见过这类大忽悠在饭局上掏钱结过账，连去小卖部买包烟都是称自己只有信用卡，没有现金，让别人先垫上呢！但总有上当的人。和小A岁数差不太多的一位同事，因为听信了大忽悠的谎言，以为凭借自己的头脑可以发大财，便辞去了工作，自己出去创业，时时把大忽悠的谎言当作金科玉律。一开始，他在朋友圈中大秀自己租来的办公室、自己公司的营业执照、自己公司的职员，好像美好的生活就要正式开始了。紧跟着，他又开始传播很多创业类的精神鸡汤文章，小A看到都是些骗人的话，骗的都是乌合之众，但这一群又一群的乌合之众早已深陷其中，根本就不自知。

小A有一次在微信中问这位前同事的近况。这位前同事显然像变了一个人，仿佛自己是老板了，而对方只是一个小职员，所以就以成功人士的口气不断给小A灌输那一套成功学。小A真是服了他，祝他未来一切顺利后，便打算以后不再联系这个人了。即便如此，小A也不愿意看到别人的失败，善良的他希望每一个人都过得好，都可以实现自己的理想。但坏消息很快还是来了。不止一家银行的工作人员打电话到公司，打听这位前同事的情况，比如是不是有吸毒史啦、是不是赌博啦，是不是身患绝症啦，问了很多问题。据说，这位前同事的公司关门了，还欠了一屁股债，银行的贷款也没有还，现在都不知道人在哪里。忽悠者下场如此，那些被他忽悠的人岂不是更可怜又可气？

## “导师型忽悠”最可怕

小A遇到的最后一类大忽悠，也是刚进入职场的有志青年经常遇到的，也是最容易落入陷阱的，他形象地把这类忽悠称作“导师型忽悠”。一天，一个其他部门的负责人专门到小A所在部门找到小A，主动和他聊天，并且恭维了小A在公司里工作很出色。小A并没有被这名负责人的夸赞冲昏了头脑，而是变得警觉，不知道这个负责人葫芦里卖的什么药。第一次来找小A，这个负责人并没有多说什么，仿佛是要放长线钓大鱼。

没多久，这个负责人又来找小A，亲切地和小A谈天说地，说起了公司的发展，说起了未来公司的计划，谈的这些都没有问题，小A就慢慢放松了警惕，觉得这位负责人也许真的是单纯看重他的能力，有时间就来找自己聊天呢。但真实情况并没有那么简单。那位负责人意识到了小A已经对自己放松了警惕，便开始展露出自己真实的用意。原来，此前在一次公司高层的会议上，通过了一项决议，由这位负责人牵头，发展一项听起来无比光鲜的业务，而这项业务正是由这位负责人提议的。现在，这位负责人需要得力干将来帮他把这项业务开展起来，不但从公司外面挖来了相关的人才，在公司内部也从各个部门考察人手，最后决定让小A来帮他。

如果说小A一点也不动心，那是假的。事实上小A的确动过跟着这位负责人干一番大事业的心思。但冷静和思考是职场上想要不走弯路并获得成功所必要的能力，小A利用自己这方面的能力，调查了目前市场上同样业务的发展，再结合这位负责人所说的，发现这不过是这位负责人给他画的一张糖饼，但画饼是无法真正充饥的，因为各方面的准备都不充足，这项业务的发展肯定不会像他说的那样前景光明。虽然有公司在背后鼎力支持，但最终小A还是没有答应这位负责人，依旧留在自己原来的部门踏实工作。小A相信自己的眼光，他对自己说，不能跳进这个火坑，哪怕最后证明是自己错了，也在所不惜。不能干这种丢了西瓜捡芝麻的事儿。不到半年的时间，事实就证明了小A的判断是完全正确的。新部门在那位负责人的带领下烧了很多钱，却迟迟不见效益，最后还造成了严重的亏损，那位负责人最后只能引咎辞职，所带的团队也以集体离职告终。

那位负责人，其实就是一种让人最难以识别的大忽悠，因为他不光忽悠了别人，还忽悠了自己。任何一个成功的企业或者企业家不可能一直不犯错，总会有做出错误决策的时候，例如开拓某些不成功的业务。这种事情很多，如果可以及时回头，那一切都来得及，如果没有刹住车，越陷越深，最后整个企业破产，企业家自杀的事也不是没发生过。哪怕这一类大忽悠是真的想去做成这件事，但由于自己只会忽悠，缺少办事和思考能力，往往也都会以失败告终。事实告诉小A，绝对不能跟错人，因为跟错人，之前的努力就全都会化为泡影。

很多时候，一些领导、上司和老板都会用花言巧语来忽悠你，说让你做的一切都是为了你的未来，为了你的职业发展，是千载难逢的机会，机不可失，失不再来。如果你经验浅，就很容易把这些话当真，最后摔得很厉害，也许会一夜之间从小A变成小B也说不准呢！到时候，你根本无处话悲戚啊。所以说，这样的忽悠是绵里藏针，最害人的。小A没有上当受骗，在于他有独立思考的精神，没有被人类打出生就有的贪念所左右，最后才能逢凶化吉，和这一悲剧事件擦身而过，没有让不幸波及自己，也让自己从旁观者的角度看清了职场的残酷。只要你在高位上失败了，就要离开，没有什么借口，除非能扛着压力非要留下来。

# 职场“墙头草”是如何长出来的

## 混职场要有几张脸

有一次，公司的大领导认为公司的效率有些低，于是便找到了一家企业管理公司的团队，前来优化本公司的业务流程。大多数部门的负责人都很欢迎，流程的优化进行得有条不紊。但是，当优化进行到小A所在的精英业务部门时，却出现了问题。负责主管这个精英部门的负责人口头上答应配合优化，但实际上却百般阻挠，认为自己部门运作得很好，完全没有优化的必要，简直是多此一举。

那家企业管理公司团队觉得很难办，为此专门来到小A所在的部门联系开会，寻找解决方案。会上，无论优化团队说什么，小A部门的负责人都要用自己的理由堵回去。要他做什么，他都说不行，态度很强硬，一副凶神恶煞的样子，讲话也没有礼貌，一点职场上的体面都没有。与会的小A心里犯了嘀咕，就觉得很奇怪，为什么负责人会是这样的一个状态呢？小A觉得那家企业管理公司团队的要求并不过分，也没有什么不妥，有一些说法倒还确实指向了部门一些不足的地方。要是按照人家的要求办事，其实并没有那么难，小A不明白，为什么流程到了这位负责人这里，就变得这么不容置疑的困难了呢？

人家要求小A的部门把业务的流程大致梳理一下，并且统计每个月每个业务员和客户见面的次数以及取得的效果，供那个团队作为参考。小A部门的负责人一概说不行："我可没时间搞这个东西，我手底下的兵也没有时间！我们是精英部门，每个人每天都在努力做业务，我们要是停下来，全公司的人吃什么、喝什么？而我，是部门的负责人，这些兵的老大，他们一个个都业绩出色，我的业绩比他们更出色！所以，我们要养活这间公司，没有时间听你们瞎扯淡！你们要是非要我做不可，可以，但最后我们部门的业绩要是下降了，你们要负全责！你们得替我去和大领导解释！”

整个会议上的氛围被搞得非常僵，谈到最后双方都非常尴尬，每个人心里都不痛快。那一次，是小A第一回看到这种非常罕见的场面。没有办法，最后对方管理公司的负责人就没有说什么，宣布那天的会议到此为止，有什么事以后再说，大家不欢而散。会后，小A怎么也理解不了，为什么平时很干练的负责人在这一次的会议上竟然是这样的态度。和小A关系不错的一位同事告诉他，这位负责人是个怪人，很多地方都和别人不一样，要多观察，以后肯定更有好瞧的呢！

没多久，在大领导和管理公司同时出席的一次全体员工总结大会上，小A目睹了他们部门负责人一次十分诡异的讲话。小A部门的负责人在会上侃侃而谈，掷地有声，吐沫飞溅，说了一大箩筐的大话、空话。他不仅感谢公司领导为了公司越来越好，特意请来外面的专业管理公司前来优化本公司的业务流程，还特意感谢了那家管理公司对本公司的贡献。他在谈话中阿谀奉承，大领导很是受用，虽然附带着指出了本部门工作中一些微不足道的不足，但话里话外无非是在说自己部门的工作非常完美，是整个公司学习的榜样。大领导听得心悦诚服，而那家管理公司的人则是一头雾水。“他不是一直在阻挠我们的流程优化吗？怎么突然变了一个人？”不仅管理公司的人不明白，连小A也不明白。这时，小A那位要好的同事对小A使使眼色，小声嘀咕道：“看见了吧？两面派！学着点儿吧，小兄弟！”这时小A才恍然大悟，啊，原来自己部门的负责人是这么一个角色啊！

## 你是风，自然吹倒墙头草

通过后来的观察，小A发现了这位两面派负责人的几个典型表现：

首先是说大话。说了不做，说了等于白说。如果没有人指出来最好，他就当问题不存在，反正一家公司里那么多人，每天每个人又说那么多话，谁能都记住呢？要是不巧有人指出了他的言行不一，他就会摆出许多"客观理由"来搪塞，或者干脆不承认曾经说过的话，反正他是精英部门的负责人，谁敢拿他开刀？

其次是推卸责任。自己出了错，他是绝对绝对不会承认的。在他的字典里一没有"犯错"二字，二没有"担当"这个词。每一家公司里都会有这种死活不认错的人，令人非常不解的是，这些人还大多都是中层领导！哪怕有再明显不过的证据显示这件事是他做错了，他也能用不下五个理由，把自己撇得干干净净。比如，有一个月小A所在的部门业绩非常低，大家都知道，主要原因是这位负责人请了半个月的事假，着急去忙自己新房装修的事儿了。可是，这位负责人哪怕天塌了也绝不会承认自己的请假和部门业绩低之间有任何因果关系。他先是抱怨公司的网速太慢，电脑也过时，跟不上时代的需要，造成员工工作效率低下，把一部分责任推卸给行政部门，称他们没有给前线部队输送好炮弹。然后，他又抱怨自己部门里菜鸟比原来多了，像小A这样的业务员对工作还不太熟悉，直接拖累了整个部门，这又把责任推卸给了下属，让下属替他背锅，小A觉得很委屈。因为这位负责人是整个业务部的老大，大领导也不好在会上说什么，就被这位负责人蒙混过关了。

还有就是太世故。这位负责人精通玩人玩权、狐假虎威的伎俩。对人，他说人话；对鬼，他说鬼话，就是从来不透露自己的真实想法。和大领导交流的时候，他说得一套一套的，都是拣领导爱听的说。不打笑脸人的领导也拿他没办法，甚至还觉得他是一个真正关心公司生死存亡的人呢；对那些为他的事业打拼的下属，他则讲一些冠冕堂皇的话，并且永远站在道德的制高点上，让人没法挑毛病。其实下属都知道是怎么回事，也知道这位负责人是个什么样的人，但也没有能力反驳。

小A心想，如果一家有些规模的公司中，大部门的中层领导都是这样的两面派的话，上面传递下来的政策便没有一项会被贯彻落实，那么对公司的发展就会有很大的损害。那么，究竟这种两面派是怎么产生的呢？原因无外乎：

1.照样学样。人就是这样，学好不容易，学坏可是分分钟的事。或许，这位负责人的前任就是这样的两面派，并且通过自己的这种非道德伎俩获得了很多利益，得到升迁，那么当这位负责人主事时，一定会照猫画虎，学习自己的前任，甚至比前任更变本加厉。

2.缺乏教养。这一点几乎没有什么人能看出来，因为如今职场上缺乏教养的人太多了，说话不算数也已经是职场上的常态，所以大家见怪不怪，甚至还有些人把这种两面派当本事，想要学习都来不及呢。对两面派来说，他同样也觉得这是自己的本事，有技术含量，是做中层领导必备的手段。这种不正之风在职场上吹了很多年，真不知道何时才能被彻底肃清。

3.虚荣和骄傲。拿这位部门负责人来说，在业绩上他是十分出色的，能得到精英部门负责人这个职位，也是靠着他曾经做普通业务员时超高的业绩换来的。他不是关系户，也没有背景，纯粹凭着努力和干劲儿，曾经一个人的业绩就达到全公司的50%，才有了如今的地位。但时间一久，他就膨胀了，大领导的器重，同事的尊重，让他骄傲的心也冒出了头。他觉得所有人都不如他，便有了错误的言行。

4.无奖惩制度。一个公司如果没有限制两面派的制度，那么职员就很容易滋生出两面派的习气。如果说大话后无人问责，那么没有操守的人就都去说大话。这样一来，不仅整个办公环境会被破坏，新人也会被老职员带坏，有节操、有能力的苗子也不会在这样的公司长留，久而久之，整个公司便都是由一群酒囊饭袋把持，业绩也会直线下滑。小A非常担心，当自己的能力越来越强，发现的问题越来越多，是不是就距离他离开这家公司越来越近了呢?

幸好，这次职场的墙头草两面派，长出来得快，消失得也快，尤其在这家公司里都是个别人和个别现象。整体来说，这家公司还是一个可以让人得到锻炼和发展的好地方，小A在这里的工作越来越得心应手，只要你是风，自然吹倒墙头草。但是新的问题又会很快出现。这就是我们的生活不是吗?就像歌中唱到的那样：一波还未平息，一波又来侵袭，一波还来不及，一波早就过去……

# 不做职场“隐形人”

## 职场闲人的苦恼

小A在工作中还经常发现一类情况，有的同事一天到晚都在公司里，早上来得很早，晚上走得很晚。有几次，小A罕见地加班到很晚，终于准备回家时发现居然还有不少同事在公司，真让他觉得不可思议。职场上就是这样，有的人忙得要命，有的人却三天打鱼两天晒网，大多数时间就在无所事事中度过，这一类人就是职场上的“闲人”。别说，这些“闲人”也不全是等闲之辈，有一大部分人都是完成了本职工作，他们显得很闲的原因，无外乎是非本职工作一点儿也不愿意做。小A的周围，就有几位这样的“闲人”。

做了好几年业务助理的阿平抱怨道：“我的工作实在是太无聊了！每天还不到中午我就把工作做完了，吃完中午饭，一下午都没有事情做，对着电脑发呆，眼睛又酸又疼，没事儿只能逛逛淘宝，听听音乐，下下电影，看看新闻，研究研究国际局势，思考一下我国的政治体制，一晃又是一天，明天还是一天，下周还有七天，什么时候是个头儿啊？我仿佛在公司中隐身了，谁也想不起我，在公司好几年了，领导都不知道我叫什么。每个月工资少得可怜，做的工作又没有什么价值，眼看奔三的人了，感觉自己完全就是在虚度人生啊！”

事业部的女文秘小何也是一个“大闲人”，为此更是十分烦恼，她抱怨道：“我都不知道公司为什么不开除我，因为我每天都没事儿干啊！我每天的固定工作流程是，上班打卡，下班打卡，中间的时间自由活动。我是个文秘啊，可是公司根本就没有把我分配给任何领导，所以，根本没有人指派给我工作。我认为，甲总认为我是乙总的人，乙总认为我是丙总的人，丙总认为我是丁总的人，而丁总又认为我是甲总的人！我在这一个大轮回中成了中心点，其实我谁的人也不是。你也知道，我虽然在抱怨没事干，但闲久了，还真怕有工作的话反而做不好了呢。现在的工作相当于是杀时间，听上去好像很不错，悠闲，轻松，但我的心理压力很大啊！因为周围的人都在做事，就我闲着，还要装成做事的样子，累死了。所以话说回来，还是有事做我会觉得比较踏实。有人说我是身在福中不知福，真的是这样吗？我真是不知道！我只求能让自己看到未来的道路在哪里，我现在的状态实在是糟透了！”

行政部的敏敏也是如此，困惑了很久的她说道：“我的职位就是站前台，有人来公司的时候就让客人登记一下，问客人找谁，给同事打电话告知有客人找，给客人倒茶。一遍又一遍，这就是我一天的工作。可公司不常来人，我就不知道该做什么了。春天和秋天还好一些，起码身体不受罪，要是到了夏天，屋里的空调冷气吹不到门口，热得要命；等到了冬天，屋外的寒风顺着门缝儿就能钻进来，穿两件羽绒服都扛不住那个冷劲儿。尤其要是一天也不来一个客人，我就快冻成冰棍儿了！闲，闲得要发疯了！”

听到这几位同事的抱怨，小A心里很替他们着急，他想，一个人，作为个体，身处在竞争非常激烈的职场上，会遇到不同的情况和困境，其中一类就是在不知不觉中成了职场上的“闲人”。这一类人都有着几乎一模一样的问题，比如觉得自己所做的工作没有体现出个人的价值，职业前景黯淡无光，个人发展受阻，在迷茫中看不到出路。职业危机深重，被整个环境孤立，成为最易被踢出局的“隐形人”。

## 生死突围的三种方法

通过小A对这些同事的观察和分析，他发现，造成这些同事成为“闲人”的主要原因可能有很多主观或客观上的因素，不过，最基本的原因还是要说这些同事严重缺乏掌控和规划自己职业未来的能力。他们不知道，自己所做的工作是职场上的“闲职”，是可以随时被淘汰，随时被更换的；或者，他们知道这一点，但还是从事着这样的工作，懒惰和随遇而安的心态，让他们把屁股粘在了这份闲职上。时间久了，他们就更懒了，缺乏目标，没有价值，心态变了，就像被阉割的宠物，再也狂野不起来了，如果不真的改变自己，整个职业生涯就要毁了。

小A过去就担心自己会变成这样的人，所以如今看到这样的同事真是替他们着急，他找到我，想问一问有没有什么好的办法帮助那些职场上的“闲人”。方法当然是有的，最重要的是那些职场“闲人”要不要迈出自己的脚步，真的去做，有三种方法可以帮到这些职场“闲人”。

### 方法一：越在迷茫时，越要试着找方向

把大好的时光都浪费在无聊中的职场“闲人”，都是些不快乐的人，在消耗这些光阴的同时，他们的内心是十分苦闷的，也是不安恐惧的。之所以会觉得不安和恐惧，是因为他们心里清楚自己这是在浪费生命，但是却认为自己没有能力也没有办法去改变现在的处境，他们把一切都归罪于运气不好，生不逢时，别人不重视等一些客观原因，却没有想过最主观的原因才是根本原因，他们自己就没有一个良好的职业规划，把一切都交给老天爷，也只有听候老天爷发落了。基督徒凡事都信靠全能全知的上帝，把所有的劳苦重担

都卸给他们的天父，却始终不放弃努力，颇有种“谋事在人，成事在天”的感觉，可不像这些职场“闲人”，把自己的烦恼一股脑交给了老爷天，就不管不问了。等到发现问题时，为时已晚，怎么办？这时就陷入了工作混沌和神游的状态。

这还不是全部，长期处于这种混沌和神游状态下的人，每天都昏昏沉沉，别说工作能力低下，简直是完全丧失了工作能力，哪怕是提出辞职，换一个新的工作，在新环境里还是无法适应，职场生存能力几乎为零，举步维艰。想到这，那些“闲人”更是不会寻求改变，而是得过且过，好死不如赖活着了。不知道未来怎么开始，干脆就先活在当下，哪怕是很烂的当下，很多人就是抱着这种心态的。想要摆脱这种无休止的混沌和神游状态，首先要做的就是试着“找方向”，积极采取行动，给自己定位，为未来做好准备，让自己动起来：

1. 调整心态，客观分析自己。必须要理智、冷静、客观地审视自己，审视所从事的工作和自身的心理状态，看自己的个性是否与从事的职业搭配，把搭配的地方，和不搭配的地方用笔写下来，一一对照；再将不搭配的地方进行纯理性的分析，找出不搭配的深层原因。

2. 分析利弊，扬长处、避短处。一定要找到自己感兴趣的“点”，让自己的工作和兴趣有交叉点，同时把自己过去积累的知识和经验梳理一下，重新激活自己潜在的能力。

3. 确定自己目前的位置，不要再蹉跎。通过职业规划、经济价值以及就业机会三大问题找出你最佳的定位和最能胜任的职位。一定要认清自己内心深处的想法，学会调整自己的心态和与别人沟通的技巧，在属于你的新阶段中努力抓住对于你来说最重要也最想要的东西，绝对不要一遇见困难就放弃，坚持就能看到成效。

### 方法二：越“闲”越要找事情做

如果，目前确实没有寻找一份新工作的好机会，或者因为种种原因，你确定现在还不是换工作的好时机，你仍需要等待。那也没关系，无论如何你也不能像当初那样继续毁坏你的职业路了，当前要做的，是找事情做，将找来的事情填补你浪费的时间，尽可能地让自己忙起来，越忙越好。

职场“闲人”可以根据自己确定好了的职业方向和定位，有计划地参加一些有助于职业生涯发展的培训，这些培训或许是提升个人专业技术能力的，又或许是提高自己表达能力、演讲能力、销售能力等等综合素质的培训，还或许是锻炼自己的职业规划意识，求职及职业规划技术方面的特训等，这些都不错，都值得一试，也许这些培训可以帮到你。不过，如果你不参加这些培训也不会落后，因为只要你有心，公司里就有做不完的事，而且做那些事能让你学到任何培训都教不会你的东西，最重要的，它还是免费的，就看你有没有心做了。

比如，你可以主动加大自己的工作范围，可以是默不做声地主动担当一些自己力所能及的事。看似你好像是吃亏了，替别人分担了工作，可反正你平时也没事情做，为何不试着做一些呢？实际上，这也是为自己赢得宝贵的工作经验，也可以让同事和领导看看，你也不是个废人，说不定就会换来意想不到的机会呢。

### 方法三：没有机会也要找到机会

职场“闲人”散漫久了，压力从一开始的很大，也慢慢变小了。起初不受人重视会有很绝望的感觉，看到自己在公司里是个彻头彻尾的边缘人，心里也很不舒服。这些职场“闲人”往往会觉得自己所做的工作既没有任何价值，又得不到同事和领导的肯定，便产生了职业疲惫感。不过，慢慢地，他们就变得麻木了，觉得一切都无所谓了，是好是坏都是一天，管他价值不价值，管他同事和领导的想法呢！如果职场“闲人”已经到了这一步的话，那就很麻烦了，我认为，想要真正摆脱这种100%消极的状态，“闲人”应该找机会来表达自己不希望被忽视的愿望，发出自己的声音。

比如，可以主动与领导交流，直属领导不行就找部门负责人，部门负责人不行就找大领导，总之，一定要让领导知道你不是混吃等死的人，你也想要上进。要让他们知道你有你的职业抱负和职业规划，让他们以后在工作中给你展示自己的机会，等真有机会到来的时候你就一定要抓住，好好表现自己。另外，还要多和同事交流，让大家都认识你，明白你，熟悉你。

当然，如果你现在所做的工作真的很“鸡肋”，而且根本无从改变，整个公司的氛围也不是很健康，没有领导愿意聆听你的心声，既做得不开心，又无从发挥，我建议你干脆还是不要做了，果断辞职，找一份真正合适的工作，从头再来，那才会是能展示和锻炼你个人能力的新平台。

根据网上的一项调查结果显示，有70%以上的受访者认为理想的工作，最重要的标准就是“做自己喜欢的事，并且体现自己的价值，有成就感，付出越多，得到越多”。可见找到适合自己的工作，踏实地工作，一分耕耘一分收获，为获得更好的“收成”，就去付出更多的努力，这就是大多数人想拥有的工作。

尽管被工作的疲劳冲击时，很多人会暂时希望能够得到一份不干活儿白拿钱的工作，可事实上，一旦真的“闲”下来，他们马上又会陷入恐慌和危机感之中。职场上的“闲人”想要尽快让自己得到重视，就必须要认清自己，准确定位，玩转个人所具备的潜力和资源，规划才是最关键。

## 用心干活，对细节精益求精

## 职场中的细节同样决定成败

秋天里，小A参加了公司组织的培训，期间还阅读了著名畅销书《细节决定成败》，感触颇深。那部书用很多正面和反面的实例，加上我国古代的至理名言，为读者展现了现实生活和工作中特别容易被人忽视，然而却又十分重要的小细节，非常有内涵，深度揭示了“细中见精”和“小中见大”的道理。这本书让小A感到，无论是做人还是做事，无论是做基层还是做管理，永远是细节决定成败。这本书中的内容，也促使着小A对如何提高自己的工作能力、协调能力和办事效率进行了理性的思考，对如何做好本职工作有了更深的领悟。

都说细节决定成败，那么“细节”二字究竟是什么呢?

细节是创造。古代，我们中国人是最懂得细节之美的民族之一，相比同一时代外国的工艺品，就能看出我们民族的工匠手艺是多么的高超，对于艺术品细节的把控是何等细心。后来，我们的这些手艺传到周围的其他国家，在那些国家也有了很好的发展，尤其是日本。进入现代，我们的落后和民族素质的降低，把老祖宗注重细节的传统都丢了，反而是过去学习我们的日本在这方面有了很好的传承。无论是工业产品还是手工艺品或数码产品，无论是城市规划还是家具建材，日本人对细节的掌控已经超越了中国人很大一步。我们中国人作为老师傅，反而要拿一种羡慕的眼光去看日本的工匠精神，真是天大的讽刺。

细节是动力。知道自己过去的成功和现在的落后，对于细节的追求就应该成为中国人的一种动力。无论是在宏观的制造业上，还是在个人工作中，对细节的把控和追求都应该放在重要的位置上，要明白把握细节也是工作的一部分，干什么事儿都绝对不能凑合。凑合，已经成为过去几十年来对中国下层人民最大的写照。有钱人花钱买进口产品，不存在凑合的问题，有钱就去糟蹋。但是你看，在他们别墅围墙的外面，处处是狗屎和垃圾，根本没有什么人去清理一下。穷人买不起进口产品，便什么都凑合一下。房子是凑合的，冰箱是凑合的，电视是凑合的，妻子是凑合的，丈夫是凑合的，什么都是凑合的，却不知道哪一天才可以不用凑合。

细节是涵养。看一个人的穿衣打扮就能看出其中的细节，也能体会到这个人是不是有涵养。在职场上，有的人大腹便便，西装革履，但却只可远观，不可近瞧。等他走近你，你就会看到他的头发喷了啫喱水，一簇簇的，粘在一起，像杀马特一样，很让人反胃。最可气的是，还散发出多天没有洗澡的臭味。他的西装褶皱，明显是前一天没有挂好，而且上面还有油渍！这样的人，无论如何穿衣打扮，还是无法得到别人的尊重，这就是因为他没有注重细节。

作为职场上的一员，我们务必要认真对待每一件日常工作中的小事。这是从人手到人才转变的过程中必须要经历到的。在工作中，我认为必须把每一项工作都做到位，绝对不要看和你一个水平的同事们是不是做得好，哪怕他们做得很差也和你没关系，你一定要和比自己水平高的人看齐，而不是和还不如你的人比。从小事做起，多学习细心的职员在工作中对细节的把握。对于敬业者来说，事无巨细，简单不等于容易。因此，要有一种花大力气做好小事情的决心，把小事都做得一丝不苟，大事也自然会水到渠成。就像老生常谈的木桶效应一样，任何一个环节薄弱了，都有可能导致自己在职场上的停步不前。因此，领导下达的任务必须按时按量出色完成，如果不能完成，也要总结经验，不能找借口搪塞，已经完成的工作，要亲自检查，确保完全没任何的披露时上报工作，绝对不要等到上级领导部门检查出了错误或瑕疵，再诸多辩解。把小事做细了，工作效率自然就提高了。

在工作中不难体会到，认真地做事只能把事情做对，而用心做事才能把事情做好。如果你热爱你的工作，你每天就会尽自己最大的能力追求完美，这样的话，你周围的每一个人才会被你的这种热情感染，以同样的方式用心工作。平时，在工作中对自己严格要求，和同事们一起切磋业务，精进能力，不断进步，这很重要。每做一件事前都要仔细思考，绝不能盲目行事。这种用心工作的态度，会潜移默化地影响这个团队，你就会在无形之中成为同事们模仿的对象，久而久之，大家知道你是一个什么样的人，信任你，信任彼此，才能让整个工作团队不断进步，每一位职员都有所收获，别无杂念。大家都能够心往一处想，劲儿往一处使，没有彼此间的攀比，只有彼此督促着不断进步，这样业绩也会上来，更多的机会也会随之出现。职场上有很多事例都能从正反两面说明细节对于表现整体的能力有多么巨大的作用，如果不注意细节，整体的完整性也会遭到巨大的破坏。

## 决定成败的是重视细节的人

很多细枝末节的事情，一个人就能够完成，或者说，随便一个人就能够完成，但是不同的人，做出来的效果也是不一样的。这时，就能体现出人与人的不同之处了。而往往就是这些细节上的不同，决定着工作完成时的质量。如果看不到这些细节，或者不重视这些细节，只能说这个人不懂工作，不懂得完美的重要性，他对工作就必定会缺乏认真的态度，因为他脑袋里压根儿就没有那根弦，所以只会对工作敷衍了事，能凑合就凑合。如果这种人不取得进步的话，很快就会被职场淘汰。这种人在上学的时候肯定没有把学习当作乐趣，无论他的学历有多高，也只是带有目的地学习，同样，在工作中他也肯定无法把工作当作乐趣，也会带着同样的目的，也许是为了钱，也许是为了地位，总之不会是为了精益求精把事情做好。工作对他们来说是一种苦役，是时时刻刻都要应付的差事，因而他们在工作中会缺乏热情，只能永远做出色职员的背景板。他们只是完成分配给他们的任务，甚至有的连这么基本的要求也做不好，这种人并非少数。

再来仔细观察一下那些真正注重细节的人吧，他们不仅认真对待工作，将小事做细，而且注重在做事的细节中寻找小小的机会，从而利用这些机会，将机会当成自己成功之路上的垫脚石。中国某著名企业的一把手曾经就这么说过："什么是不简单？把每一件简单的事做好就是不简单。什么是不平凡？能把每一件平凡的事做好就是不平凡。"小事能成就大事，细节能成就完美。联系到职场上，不也是同样的道理吗？注重细节的宝贵价值就在于把握细节等于创造，是有独一性的，是和别人不一样的，与天底下没有一模一样的树叶同一个道理。

只有细致入微地审视自己平时的工作，实打实地注重细节，多么小的事情都精益求精，才能让工作的质量一步步变得完美。职场上的我们特别应该清楚地认识到，抓好细节并不是听从谁的命令。不能因为领导平时非常重视工作中的细节，你就去注意细节，而应该是主动的。因为在很长一段时间内，你注重的细节很有可能是没人能发现的。你不但不会被表扬，还有可能被嘲笑，但过了这段时间，获得经验的可是你自己。你要有心理准备。

特别是在一个人于职场中从“人手”过渡到“人才”时更是如此。人才永远都是一家公司在不断发展时的中坚力量，人才的能力和做事方式，对这个公司在大体上的样子都起着至关重要的作用。每个人才的思想境界、知识水平、责任担当和工作能力，都对整个公司的运作起着非常大的作用。

人才，作为“人手、人才、人物”三者中的第二环，确实起到了承上启下的重要纽带作用。人物提出想法，人才贯彻落实，人手负责实施。如果在这个过程中不注意细节，就像传话游戏一样，起初一个人说了一句话，传到最后一个人那里，这句话就变得面目全非了。所以说，人才，和准备要成为人才的职场人，最主要的任务就是抓细节，抓落实，把这两者抓好了，一切都会水到渠成。抓细节，是一种长期的储备，能让人在不知道什么时候就获得意想不到的机会。抓细节也应该成为一种习惯，在积累的过程中不但锻炼自己，也提高了自己的审美观、价值观等等，是眼光，是智慧。只有保证在细节中摸索，才能注意到问题的细节，才能思考细节的问题，才能真正地把工作做好。总之，切莫为了细节而细节，而要提高自身，过去看不到细节，自身能力提高后，也就能看得到了。到时候，你的层次就又会高一阶。

自我认识，自我学习，自我领悟

## 想要做“人才”，先要知道自己是怎样的人

在几十年的职场生涯中，我们肯定会遇到一些对自己整个职业生涯来讲非常重要的“转折点”，这样的转折点不仅在职场中会遇到，在我们整个人生的早期其实就已经遇到过很多次了。还记得中考吗？那差不多算是人生的第一个转折点了，用学习成绩将十来岁的孩子划分成三六九等（分别是名牌高中、重点高中、普通高中、私立高中、职业高中、中专学校等），听起来不那么人道，但是目前我国人口太多，这也是不得已的现实。高考就更是残酷了，把不同分数的人送往了重点大学、一本二本三本和职业学院。这对于社会来说是一次大洗牌，对个人来说就是一次人生的大转折。倒不是说中考和高考没有取得好结果，你未来就注定是一片灰暗，而是说，在转折点上如果走错了，未来就要付出更多倍的努力才能找补回来。不同的人面对不同的人生转折点会有不同的选择，这就是人的自由意志。我们每个人都是不同的，全宇宙只有一个我，也只有一个你，这话没错，但是如果宏观概括的话，其实我们每个人都会属于一类人，没有任何一个人是完全特立独行，自成一体的，要是真有那样的人，他也就不是人了。要认清楚自己，首先就要明白，自己到底是哪一种人，这个世界上究竟有多少种人。下面，我们就来分析一下，看看你属于哪一类人：

第一种：冲动型人。这种人无论做什么决定都是基于冲动情绪。做事不过脑子，看上去是当机立断，其实是毫无准备。这种人典型的做事方法就是先承诺，然后再想是否可以办到，而往往到最后，他承诺的都无法成为现实。

第二种：宿命型的人。这种人从来不信自己，也不信别人，无论事情做得是好是坏，都把这一切称作是自己的命运。宿命型人的心里总在想：车到山前必有路，船到桥头自然直，要不就是所有的事情都是上天的安排，应该随遇而安，不应过分强求。在潜意识中，这是一种逃避责任的表现。

第三种：顺从型人。这种人其实有自己的想法，也想自己做决定，但是为了不伤别人面子，也不伤自己面子，往往不说出自己的想法，而是让别人说，听别人的。不仅仅是听领导的话，也听同事的话，很多时候人们把这种人称为“老好人”。

第四种：拖延型人。他们知道自己在生活或者工作中存在着什么问题，也知道应该用什么办法去解决，但就是不实施，不拖到最后一刻绝对不会做决定。在这种人心里，有无数个明天可以给他们处理事情，所以一直是明日复明日，但不知道明日其实并不多了。

第五种：直觉型人。这种人有着别人无法相信的自信。他们觉得自己的能力比别人都要强，在做决定时都是根据自己的直觉，但也说不清这种直觉是从何而来。他们会因为一两次瞎猫碰到死耗子就认为自己的直觉大法可以随时奏效，但遇到大事时又会举棋不定了。

第六种：逃避型人。这种人对待生活和工作的态度是能躲就躲。工作需要他的时候他就跑了，家人需要他的时候他也躲了，总在躲躲藏藏。甚至当自己的生活需要自己站出来的时候，他又开始躲避自己，不敢面对世界。宅男宅女中有很多都是这种逃避型人，他们不想和现实世界有太多的接触。

第七种：犹豫型人。这种人在面对要西瓜还是要芝麻时就会大大地举棋不定。心里会有好几个声音在说话，一个是要西瓜，不去捡芝麻；一种是要西瓜，也要捡芝麻；一种是宁可不要西瓜，也要捡芝麻。三个声音不断地打架，最后还是没有结果，西瓜也烂了，芝麻也没了。

第八种：坦然型人。这种人呢，相比前面几种类型的人而言要出色得多。他们作决定时不仅仅会忠于自己内心的想法，同时也会考虑到外部环境的作用，总是会作出折中的决定。他们一直认为自己有能力做好事情，但又不会盲目自信，做事主动积极，不会懈怠。

好了，读者朋友，你有没有从这些类型人的特点中找到自己的影子呢？看清自己是什么人，才能更好地认识自己；也只有清楚地认识你自己，你才能对症下药，让自己得到适合自己个性的提高。

## “深度学习”中的人才

在过去的三十年里，“深度学习运动”一直在西方饱受争议，还一度被认为是学术界的一个异类。但是如今，“深度学习”的研究者，正在受到普罗大众的关注。在互联网上，有关“深度学习”的内容也开始受到前所未有的关注。

欣顿教授是加拿大多伦多大学的研究员，目前在谷歌工作，他利用“深度学习”的方法，为谷歌的软件和硬件提高语音识别、图像标签等内容的用户体验，其他一些著名学者也开始尝试在其他地方从事类似的工作。目前，人工智能不光在微软和IBM这种外国高新企业中得到重视，中国的百度和其他许多公司也都在关注着“深度学习”这一领域。

“我非常兴奋，为发现了一种可以使神经网络变得更有效率的方法，尤其是这种方法还能够揭示大脑是如何工作的！”欣顿教授如是说，他和他的同事亲手缔造了“深度学习”这一领域的复兴。

欣顿教授本科时在剑桥大学学习人类心理学，在学习的过程中他逐渐意识到，或许现代科学家们根本没有真正地了解人类的大脑，也不能完全掌握人脑内数十亿神经元之间的联系，同时也不知道提高人类智力的方法。欣顿教授认为，研究人脑是很重要的科研项目，对人类来说是至关重要的问题，有关人类大脑有太多的问题还没有被揭开。而随着答案不断地出现，这股风暴有可能最终让人类实现早在上世纪50年代时，那些人工智能研究者们的梦想。

对于人类大脑的终极问题，欣顿教授的研究还没有获得解答，但他正在全力寻找答案，至少会改进人工的神经网络，使其可以模拟人脑的某些方面。一提到他的研究，欣顿教授就会显得很兴奋。这些人工神经网络可以收集信息，还能够做出反应。人工神经之间还可以理解信息，比如一件事物看起来是什么样的，或者一种声音听起来像什么动物的叫声。当人将很多人工神经组合起来，它们在处理信息的时候就会变得更聪明，而在整个过程中，不需要人类的任何帮助，也不需要人类的指令，这绝对是传统的机器学习工具做不到的。

随着人工智能的发展，这些神经网络将更加快速、灵活、高效，它们随着规模的增加而变得更聪明，随着时间的推移会解决越来越多的复杂任务。

上个世纪80年代初，当欣顿教授和同事们开始计划这一试验时，电脑的性能根本跟不上他们的试验，所以他们获得的成果并不突出；另外，此后有关人工智能的研究渐渐退潮，更多的人转而去研究新的时髦课题，而欣顿教授和他的同事们没有放弃，多年来一直在从事同样的研究——让机器模仿我们的大脑。

要选择留下继续从事一项在当初看来没有什么前途的工作，对欣顿和他的同事们来说都不是一件容易的事。他们在艰难中一直坚持着，直到20多年后的2004年他们才取得了突破性进展，然而，科学界对此完全没有兴趣。

不过也有好消息，他们先从加拿大先进项目研究所拿到了研究资金，虽然很少，但聊胜于无。用这笔钱，他们建立了神经计算和自适应感知项目，该项目只邀请一些计算机科学家、生物学家、电气工程师、神经科学家、物理学家和心理学家参与。

通过和这些顶尖的研究人员建立联系，欣顿教授创建了一个人类科学最高级别的团队，致力于创建生物智能的模拟系统，用来模拟人类大脑如何筛选大量的视觉、听觉以及其他感官的感觉来理解和应对周围的环境。欣顿教授认为，建立这样一个组织会刺激人工智能领域的创新，甚至改变世界，事实证明，他做到了。

如今，外国的大学生们已经开始摒弃传统的机械学习项目，纷纷转入到了"深度学习"项目中。毫无疑问，现在"深度学习"在西方世界越来越成为主流。"我们不再是少数分子了，"欣顿说道，"我们现在拥有炙手可热的核心技术。"

欣顿教授目前在周游世界，并在全世界推广他的"深度学习"项目，他有一个习惯，就是喜欢突然大喊："我现在理解大脑是如何工作的了！"这很有感染力，他每周都会这样做。

看了欣顿教授在"深度学习"研究领域因不放弃最后获得成功的故事，

我们是否会得到一定的启发呢？我们从事的，是不是一件在外人看来很没有发展前景的工作呢？你有没有因为外人的嘲讽而想要放弃呢？我给你的忠告是，千万别放弃。且不说古代，光是我们这个时代，一开始不被所有人看好，却一心一意做事最后取得成功的就有多少人？2016年春节刚过，突然又诞生了一个名叫papi酱的网络红人。一时间，几乎所有人都在网上看她自编自导自演的小短片，几乎每一部小短片都有上千万人次的点击率，并且还拿到了1200万元的投资。起初，papi酱只是在网上发布一些既搞笑又接地气的自拍视频，根本没有几个人看，朋友和家人也都笑话她，叫她不要再拍这种哗众取宠的东西。谁都不了解她，好在她自己并没有放弃，作为学表演出身的她来说，通过自己的表演给网友带来欢笑声就是她的价值所在。这是一个三观很正的表演形式，可是最初没有人看好。两三年后，随着观众越来越多，papi酱的表演得到了成百上千万人的认可，终于获得了自己的成功。

作为正处在卧薪尝胆过程中的你们而言，只要坚持住了，未来一定会有所收获的。一定要坚信这一点。

## 领悟（理解）是最重要的

请记住，并不是用心工作，不断进步，你就100%会获得你想要的成功，因为还有一点至关重要，少了它，在职场上你将寸步难行。那就是领悟能力，也叫理解力。你也许会说，这有什么难的？但如果仔细琢磨的话，你会发现，想要掌握正确的理解力并不是一件简单的事情。当你终于提高到可以认清自己理解力不足的时候，就会陷入恐慌，开始觉得自己的认知很多都是错的，原来自己的理解力如此低下。到了那时，下面的若干条建议就会变得相当重要，都会对你提高自身的理解力产生非常积极的影响。还等什么，马上往下看吧！

关于提高领悟能力提若干条建议：

首先要多接触不同阶层的人。学会察言观色，通过观察不同身份，不同阶层的人之间的谈话，来了解大众的不同价值理念和生活态度，这会更好地帮助你成长，让你知道除了你自己之外，世界上还有几十亿人，还有成千上万种不同的生活方式。通过与你不熟悉的群体的交流，训练自己的逻辑思维能力，理解他人对待事物和世界的态度，是非常有必要的。

其次要独立思考，不随波逐流。永远不要只站在自己的角度上看问题，要学会换位思考。还记得那一年春节朋友圈里盛传的那一张照片吗？一对老夫妇愁眉苦脸，他们是环卫工人，照片下的设计对白大概是："春节不要燃放烟花爆竹了，让我们这些辛苦的环卫工人有个好年可以过吧，谢谢你们了！"一时间，几乎所有的人都在同情这对老年环卫工人，开始抵制国家并未禁止的燃放烟花爆竹行为，可谓一石激起千层浪。但没过几天，又有一张照片开始在朋友圈中流传开来。一对年老的烟花爆竹销售人员坐在成箱成箱的鞭炮上痛苦地哭泣。照片下面的设计对白大概是："我们一整年就靠年底卖烟花爆竹赚些钱回老家，现在人们怎么都不买了？！好惨啊！"一时间，公众又觉得这对老夫妇说得在理，又去买烟花爆竹了。从这件事上我们可以看到，人的思维是多么容易被控制，是多么不理智。如果想从这些乌合之众中脱颖而出，你必须要有特立独行的意志，不能被大众的思维所左右。这是非常重要的一点。

第三要做到己所不欲勿施于人。己所不欲勿施于人，这一点是老生常谈了，但在职场上能做到的人还是寥寥无几。当你需要别人的帮助时，一定要想清楚你的要求会不会给帮你的这个人带来麻烦，哪怕是朋友也要三思而后行。常站在对方的角度上想问题，能开阔你的思路，让你更容易看清楚事情的本质，也会让你在解决问题方面有很大的进步。如果能自己解决的问题，就尽量不要麻烦别人。

对人生的领悟必不可少。学习领悟人生的含义，多读书，但不要多读心灵鸡汤，那对你没有帮助。要带着无目的的心态读书，多读经典作品，涉猎要广泛，哲学、宗教、文学、科学，要做一个杂家，什么领域的知识都要有大致的了解。不是为了有谈资，也不是为了标榜自己，而是要让自己成为一个正常的人。在书中，去领悟作者的人生、书中主角的人生，好人的人生、坏人的人生，好人的不幸、坏人的不幸。以及，他们为什么会如此。要知道，书中的一切，都是现实的倒影，从书中，你能找到任何你想要了解的事，这不是大话。

必须保持客观公正的处世态度。不要做歹人，要做义人。虽然每个人都不是完美的，每个人性格中都有缺陷，但是还是要严格要求自己，做义人，和一切不义的事情说拜拜。遇见不平事也要抱着平常的心态，遇到不幸也要保持乐观，因为什么事情都会过去，一个人不会一直不幸。当你顺利时，也不要骄傲，要时常回想自己不如意时的样子，以此为戒，争取不再落入到不幸之中。善良、大方的性情会在无形之中提高你的领悟能力。

应该坚持写日记。写日记会不会很老土呢？当然不会。每一个优秀的人都有写日记的习惯，哪怕在时代进步的今天，写日记这一传统的习惯也是必要的。你忙得过乔布斯吗？人家不是也在写日记？日记是一个人的原创作品，也只有写作者才能看到，是很私密性的。正是因为如此，每天用文字记录自己的生活和工作，才能真的看到自己内心的想法，才能让人看清自己，也只有看清了自己，才能看清问题。所以，写日记可以帮助你思考平时忽略的问题，对你提高领悟能力也有很大的帮助。

最好找一个榜样暗中学习。就像当初学英语一样，自学是难以成功的。你都没有听过英国人怎么说话，仅靠音标和语法知识是无法真的学会说英语的。所以，你需要一个老师，否则一切只是原地踏步。在工作上，我们一定要找到一位各方面都优于自己的榜样。榜样的力量是无穷的。基督徒唯一的榜样是耶稣，他们都想要效法耶稣，活出耶稣的样子，所以两千年来，他们才可以不断地进步，影响着整个西方，也是西方世界目前领先于全球的重要原因之一。可见，有一个榜样，哪怕无法超越他，也要在他身后一直紧跟不舍，这样才能提高自己。

时刻不忘充实自己，控制自己。充实自己，要加强自己在思想上的修养。我们中国人在这方面的确有些落后，但是从我们这一代开始，就要跟上世界的脚步。理解力是多是少，这很大程度上取决于我们自身的自控能力，每个人都有七情六欲，想要控制这些情欲很不容易，但不能因为不容易，就不去做了。给自己树立一个目标，比如改掉自己的坏脾气，一定要坚持，不能因为一次两次失败了，就放弃了。只要坚持不懈，最后是可以战胜自己的。

总而言之，提高自身的理解能力可以从多方面入手，这条路不通，就走另一条路，总有一条路对你是敞开的。等你通过一条路走到了终点，另一条路的大门就也为你敞开了，只要不放弃，最终你就会获得你想要的领悟能力，也就是大家所说的理解力。

ANSWER

不是答案的答案

## 必不可少的“执行力”

在我们平时生活工作中，我认为要提高自己的执行能力，就必须要明白什么是执行。很多人认为执行，只是执行领导下派的任务，而我说的执行，则是把执行变得主动，是主动去做，而不是领导说什么再做什么。有了这种观念上的改变，才称得上谈“执行力”。那么，什么是执行力呢？

执行力，共包含三个层面和五种能力。其中三个层面是指：1.按照领导下达命令做好分内事的整个过程。2.按照自己承诺的预定计划将这件事做好的过程。3.将领导的命令中没有涉及，但又相当重要的细节问题处理好的过程。而五种能力是指：1.对上级部门下达的工作任务要有领悟的能力。2.在实践的过程中结合自身处境将任务实施的能力。3.在自己的团队中协调，让团队在积极的氛围中办事的能力。4.和同事、领导、下属三者之间沟通协调的能力。5.在整个办事过程中把握住大方向的能力。

所以说，执行力不仅指的是明白领导所想，并完成领导下达的任务的能力，还是作为一名职员，把领导下达的任务转化成业务成果的能力。普通职员，也就是“人手”，把领导下达的任务做完就行了，但是如果你想要成为“人才”，就要不止如此，还要更进一步，把握工作中的细节，充分调动起自己的工作积极性。最重要的是，一定要有锲而不舍、追求完美的敬业精神。我们对于任何一件工作，无论大小，都要力求完美地完成它，哪怕任务马上就要完成，也绝对不能马虎，更不能掉以轻心，直到工作做完，也要仔细检查，确保没有错误。

面对一项工作是这样，面对多项工作时也要如此。只有这样，我们才能一直不断地努力下去；只有这样，从“人手”变成“人才”才会指日可待。

第五章

# 一流的协调力，超越“人才”阶段

QUESTION

# 职场第五问

## 全世界人才有9990万，怎样搏出位？

中国的劳动力市场究竟有多少人不好讲，其中大部分是人手，小部分是人才。可是在这样一个巨大的分母下，一小部分也是一个巨大的数字了。即使你现在已经成了一个人才，你应该如何超越人才，成为一个人物呢？

人才与人物最大的不同：人才可能还是做自己的事情，人物就要开始带团队了。给你一个团队，你能带成公司的梦之队吗？团队作战和一个人打天下是完全不同的概念，涉及诸多复杂的关系。作为一个团队的领导人，你手底下每一个下属都是独一无二的，他们有的是人手，有的是人才，如何事半功倍地调动下属的积极性，让他们团结在你身边，成功地把一个项目干成精品？这些问题你都考虑过吗？

在这里我有几个忠告：

首先，你一定要秉持公正。公平是一个团队最重要的东西，失去了公平，一个团队就再也不能成为一个团队，而成了一团散沙。这种时候，你再怎么喊口号，再怎么以身作则，也没办法再挽回人心了。

其次，除了公平公正之外，你一定不能任人唯亲，关键时刻一定要舍得“亏”自己。这种时候正是考验一个人是否是人物的关键时刻。人物大都能承受别人承受不了的委屈和压力，能忍人所不能忍。说得更直白一点，人物经常是从苦难中造就出来的。不怕碰壁，不怕吃苦，不怕吃亏，你才有希望成为一个人物。

最后，一个人物肚里必须有东西。你是怀才不遇还是怀才不够，是骡子是马拉出来遛遛，只有在职场上经过了考验，才能确定你是不是一个真正的人物。

# 给你一个项目，你能干成精品吗？

一个项目，要做到与众不同、做成精品，关键不在于临场的发挥，而在于日常点滴的培养。在商业社会中，顾客认为大方面的能力企业员工是理所当然应该具备的，他们对员工的评判更多重要的是关于细节的处理、关注已有资源是否充分利用、关注你对项目是否深层次理解。关注细节，才能赢得项目实施的机会。

有位英国企业家朋友，曾跟我提过这样一件往事：

几年前，我面临离异，需要找一位律师。在英国大家都认可一个法律惯例：在聘请律师前可以向律师进行半小时的免费咨询，于是我约见了六位律师，打算从中选择一位做我的代理。我很快排除了其中两人，因为我打电话预约时无人接听——小处意味着差别。

剩下的四位律师中，有一位在与我谈话时不停地看表，另一位跟我谈了不少事情，却偏偏不关心我个人的处境，第三位在我还未踏进他办公室门之前就要我出示身份证和地址证明，我最后选择了第四位，他请我坐下，给我沏上茶，然后仔细地倾听我的情况。

小处有大不同。如果你是律师，我建议你来点“小不同”，给客户倒杯茶！（四个律师中只有一位给我倒茶。）

前面提到，“细节决定成败”的概念也火爆一时。曾经有一首民谣是这样说的：

丢失了一个钉子，坏了一只蹄铁；

坏了一只蹄铁，折了一匹战马；

折了一匹战马，伤了一位国王；

伤了一位国王，输了一场战斗；

输了一场战斗，亡了一个帝国。

现代企业管理中的成败，细节也很重要。一个企业的产品，毛利润如果达不到10%，就难以实现稳定的发展。许多企业将大笔资金投入新产品的开发，往往只是为了赚取10%、甚至只有百分之几的利润，而在生产、销售、市场营销等任何一个细节的失误，都有可能将这些利润消耗掉。

提到手机，许多人都认为苹果iPhone系列价格高，但如果经济条件允许，多数人会愿意使用苹果手机。这跟苹果手机专注于细节，是不无关系的。乔布斯在世时，曾经为苹果手机外壳的一个拐角的曲率，反复设计几十次，然后再与不同领域的一群专家精心挑选出最符合视觉、触觉、感觉的那一种。关注细节，使苹果系列产品不仅有划时代的创新意义，而且从使用操作、质量、做工等各个细节上，都追求完美的用户体验。不仅手机之间，苹果系列产品甚至可以在iPhone、iMac、iPod、iPad、iWatch等之间实现iCloud数据共享；而国产的一些手机产品仅从外观上看，就有普遍的缺陷：外观设计粗糙、产品说明书不简洁、用户体验差、售后服务不到位……这些非内在因素很容易就将消费者拒于购买的大门之外，因此只好用低价来吸引消费者。而较低的价格，意味着单位产品的销售额、利润空间都受到限制。而利润空间的限制，又会反过来使得企业无法在高端、创新处发力，无法追求知识、技术、理念带来的利润，结果陷入一个“细节差—低质量—低价格—低利润—细节差”的恶性循环。为了摆脱这种恶性循环，必须关注已有资源的充分利用，已有的资源包括但不限于：确定的人力，确定的物力，实施项目的规章制度、流程。如果把你实施项目的小团队视为一个系统的话，在这个系统内，如何调配组合资源，使之合理搭配、高效运转、产出最大化，对能否做成精品项目，起着重要的作用。

但一般情况下，我们会忘记系统之外仍有资源可借用，比如：领导的支持力度，团队成员在系统之外的人脉资源，与系统外其他组织、团队或项目组交换一些资源，也许能起到“1+1>2”的效果。对项目的深层次理解，是做成精品的根本原因。

要想对项目有深层次的理解，那就要吃透公司的经营理念。企业是由企业管理层、中层和基层一线员工共同组成的团队（组织或集团），也是存在于时代社会的一个营利性组织。企业有关经营的诸多内容，都会涉及经营人士的意图和价值判断。一个企业的经营理念，是企业在经营上应该达到的理想境界，也是企业追求利益、经营战术战略的核心，是经营思想、意识、方法提纲挈领的心脏，是董事长、总经理以及第一线全体人员行动的总目标、指针。以全球连锁快餐店麦当劳为例，他们的经营理念是Q、S、C&V。其中，Q是Quality（质量），S是Service（服务），C是Clean（清洁），V是Value（价值）。

对任何一个项目，想一想下面的七个问题：

1. 在这个项目中，你的措施、方法、规则，是否符合企业理念、企业文化和经营指导方针？

2. 在这个项目中，项目交办方的意图是什么？

3．在这个项目中，你个人的创新意识、时代的潮流是否与前两项相辅相成？（还是方向背离？）

4．在这个项目中，客户（关联环节、产品的消费者、主管单位）对项目的认识、评估、期待是什么？

5．在这个项目中，如何渗透企业内部对这个项目的要求，以及对项目团队的期待。

6．在这个项目中，对企业和团队现有力量做个SWOT分析（优势、劣势、挑战、机会）。

7．整理上述，归纳分析，再做决定。

有了上述准备，不能确保你把项目一定做成精品，但你把它做成精品的可能性会大大提高。

# 给你一个团队，你能带成“梦之队”吗？

## 每一个下属都是独一无二的

团队无论大小，总会有一些员工能主动地工作，你拿制度去管他，反而会伤害他的积极性、降低工作效率；也有一些员工总设法偷懒，你给他充分的工作自主权，他就像脱缰野马，几乎忘了还有上班这回事。团队不大，员工各式各样：有的员工很勤奋但能力不强，有的员工能力强却不勤奋，有的员工能力强同时又勤奋，有的员工能力弱同时又不勤奋。

公司或团队的管理制度，应根据团队目标和任务，制定一个大致的制度框架，然后根据团队成员的不同类型、实际情况，因人而异、因事而异地制定考勤制度和奖惩机制。只有用心带团队，才能体现带团队的艺术和水平。这种艺术和水平，决定了作为小团队负责人的水平高低。带好小团队，是“人才”向“人物”迈进绕不过去的路径；带不好小团队，人才就勉强地停留在这个水平上了，每天被各类琐事缠身，无论个人怎么努力，也看不到团队有明显的业绩。

你该怎么办？办法其实很简单：给你的下属分分类。

管理学大师麦格雷戈曾提出赫赫有名的X-Y理论。他认为，有些人是“X理论”模式下的人，这些人的特征是：（1）懒惰，尽可能地逃避工作；没有什么雄心壮志，也不喜欢负什么责任，而宁可让别人领导。（2）个人目标与组织目标是自相矛盾的，为了达到组织目标必须靠外力严加管制。（3）缺乏理智，不能克制自己，很容易受别人影响。（4）为了满足基本的生理需要和安全需要，所以他们选择那些在经济上获利最大的事去做。而在“Y理论”模式下的人，主要特征是：（1）人并不是天性就不喜欢工作的，工作中体力和脑力的消耗就像游戏和休息一样自然。工作可能是一种满足，因而自愿去执行；也可能是一种处罚，因而只要可能就想逃避。到底怎样，要看环境而定。（2）外来的控制和惩罚，并不是促使人们为实现组织的目标而努力的唯一方法。它甚至对人是一种威胁和阻碍，并放慢了人成熟的脚步。人们愿意实行自我管理和自我控制来完成应当完成的目标。（3）人的自我实现的要求和组织要求的行为是没有矛盾的。如果给人提供适当的机会，就能将个人目标和组织目标统一起来。（4）一般人在适当条件下，不仅学会了接受职责，而且还学会了谋求职责。逃避责任、缺乏抱负以及强调安全感，通常是人们的经验的结果，而不是人的本性。（5）大多数人，而不是少数人，在解决组织的困难问题时，都能发挥较高的想象力、聪明才智和创造性。（6）现代工业生活条件，一般人的智慧潜能只是部分地得到了发挥。

悲观的人，多是“X理论”模式下的人，他们对未来抱持否定的看法。他们对任何事情总是作最坏的预测，在观察人的时候，他们总是看到本质恶劣的一面，满肚子自私自利的动机。对悲观的人而言，社会是由一群狡猾、颓废而邪恶的人组成，他们总是想利用周遭的事物为自己牟利。这群人既无法信赖，也不值得对其伸出援手。对悲观的人谈起任何计划，悲观的人马上就会提出一连串有关这个计划的麻烦与障碍。而且他还会告诉你，即使圆满达成目的，最后只会尝到苦涩、幻灭与屈辱。

对于X型员工，你要用严格的考勤制度、频繁的调度会、把完整的任务分解成阶段性任务、持续不断地安排工作，并且严格检查，不时评估，才能保证他把心思用在工作上，把精力用在任务目标上。

对于Y型员工，你要尽可能地给他们自主权，不要用形式化的约束，来影响他们的工作积极性，你管得越多，他们干得越差。你能给他们放权，他们就越能干。

遗憾的是，一般的团队管理者，往往高估自己团队中“X”型员工的数量，主要针对X型员工出台各类管理制度，导致Y型员工工作效率和质量降低。

## 事半功倍地调动下属积极性

在上一节里，用麦格雷戈的方法，你可以基本了解团队成员，再结合员工的能力和工作的意愿（态度），还可以将员工细分为四类。如下面的象限图所示：

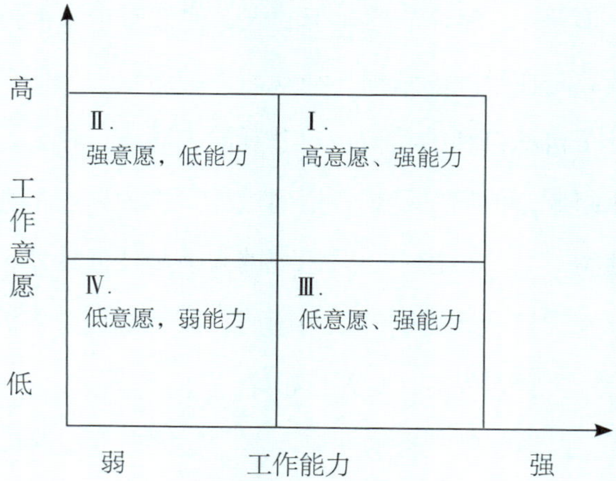


第Ⅰ象限中的员工，我很喜欢他们。因为从他们身上，我看到了曾经的自己。他们既有很高的工作意愿也有很强的工作能力，是团队中的骨干，也是

“人手”里面目前正接近“人才”的那些优秀员工。他们属于Y型员工，能自动自发地工作，不需要监督和督促；他们不辞劳苦、工作认真，同时对所从事的工作又具有很强的技能和很专业的水平；他们以结果为导向，对于团队任务和目标，总是既有效率又有效果；他们能不断总结、创新，不断改善工作流程和提升工作绩效。需要你特别注意的是：这一类员工从来都是竞争者眼中的猎物，所以要加强与这类人才的沟通与理解，避免被竞争对手挖墙脚。

第Ⅱ象限中的员工，工作很努力，对于自己的每项工作任务都认真对待。但是由于缺乏专业的训练、必要的知识或者特殊的技能，总是不能很好地完成工作，达不到设定该工作所要达到的目的。出现这种现象的原因有很多种。比如：刚毕业的大学生，充满工作激情却缺少处理具体事务的方法；公司没有鉴别出人才的专业特点，所安排的岗位不能使其发挥所长。对这一类员工你要注意加强业务技能方面的指导和培养，让他们尽快进步，因为员工在高意愿的情况下如果长时间无法提升工作能力，无法创造出他们期待的业绩和回报，这些员工的高意愿很容易被挫伤，而成为低意愿员工。

第III象限中的员工，工作能力强，但不愿意对工作投入精力和热情，是典型的可以做不愿做的类型。这种情况意味团队和他们个人，都面临着资源的浪费。这时候，你需要找到他们不愿意投入工作的真实原因，然后解决这个问题。调动员工积极性的方法无非三种：一是待遇，二是感情，三是事业。一个人在一个团队中、一个公司中，如果既没有合适的待遇，又没有跟管理层（或投资方）建立感情，甚至彼此猜忌，而且这个工作平台又让他看不到事业的希望、未来的激励，他怎么可能会有旺盛持久的工作意愿？针对这一类员工，你要找到他们消极的原因，究竟是因为“待遇”、“感情”，还是因为“事业”，给出解决办法。

还有一类员工，在第Ⅳ象限中，他们既无工作热情，也无工作能力，也没有培养前途，他们甚至连“人手”都算不上。最好的方法，就是尽快把他们从团队中淘汰掉，让更合适的人手来取代他们。否则他们的存在不仅是你团队资源的浪费，只有成本、费用，没有销售额和利润，还会引发其他三个象限员工的攀比心理，拉低整个团队的工作效率和工作热情。

带一个团队，如果你能像上面所分析的，做到谨慎细致地观察和考量员工，并根据每类员工不同的特点进行因人而异的管理，让员工不断向第一象限集中，你的团队离“梦之队”就不远了。

## “货比货该扔，人比人该死？”

## 没有绝对公平，只有相对公平

多年的工作中，与同行、同事交流，我们常会讨论到：在带团队过程中，时常觉得自己已经非常公平、仁义、客观了，但下属仍然不领情、不满意，他们不仅相互攀比后认为你偏心眼儿，还会莫名其妙地消极怠工。

我曾经有过这方面的困惑，如果你也有这方面的困惑，请看一看亚当斯的公平理论。

美国心理学家约翰·斯塔希·亚当斯（John Stacey Adams）于1965年提出一个“公平理论”，即员工的激励程度来源于对自己和参照对象（Referents）的报酬和投入的比例的主观比较感觉。

这种理论解释了中国人常说的“货比货该扔，人比人该死”心理。心理学认为，人的知觉对于人的动机的影响很大。公平理论认为，人能否受到激励，不但受到他们得到的绝对值而定，还要受到他们的所得与别人所得是否公平而定。一个人不仅关心自己所得所失本身，还关心别人的所得所失，而且还会把自己的得失同别人的得失作比较。公平理论有一个公式：

$$Qp/Ip=Qo/Io$$

公式中，Qp代表一个人对他所获报酬的感觉。Ip代表一个人对他所做投入的感觉。Qo代表这个人对某比较对象所获报酬的感觉。Io代表这个人对比较对象所做投入的感觉。

如果自己的得失比例和他人相比大致相当时，就会心理平衡，认为公平合理心情舒畅。自己的值比别人高（通常所说的，比别人“划算”），就会兴奋，能感受到有效的激励，但有时过高会带来心虚，不安全感激增。自己的值比别人低（即通常所说的，不如别人“划算”），内心就会产生不满意感，心理不平衡，甚至满腹怨气，工作不努力、消极怠工。

当人们感到不公平待遇时，在心里会产生苦恼，呈现紧张不安，导致行为动机下降，工作效率下降，甚至出现逆反行为。个体为了消除不安，一般会出现以下一些行为措施：通过自我解释达到自我安慰，主观上造成一种公平的假象，以消除不安；更换对比对象，以获得主观的公平；采取一定行为，改变自己或他人的得失状况；发泄怨气，制造矛盾；暂时忍耐或逃避。

在绩效考核中，个体对绩效信息的认识得到进一步的研究。由于人的复杂性和偏见，妨碍绩效考核中理解关键信息有两个方面的因素：信息拒绝和信息偏差。为了减轻将来面对新任务的心理负担，人们会拒绝或曲解对判断绩效不利的信息。因此，在绩效考核过程中，企业对绩效信息的收集、公布、运用必须要考虑到员工对绩效信息的两种认识特点，因为绩效信息在绩效考核过程中对个体理解程序公平起到基础的、关键的作用。让员工参与绩效考核制度的确定和执行，可以使员工获得大量的信息，能有效地减少信息偏差。

有人会说：觉得不公平，你为什么不辞职？为什么不辞职，因为对公平还有所期待。

分配公平是指对资源配置结果的感受。公平感的形成更多的是依靠社会比较而不是一般意义的期望。即个体即使得到与他期望中相同的分配水平，仍可能经过社会比较后感觉到分配不公平。绩效由谁来评定，是领导者评定还是群众评定或自我评定，不同的评定人会得出不同的结果。由于同一组织内往往不是由同一个人评定，因此会出现松紧不一、回避矛盾、姑息迁就、抱有成见等现象。

在工作场所用于社会比较的信息很充足，员工通常进行两种类型的社会比较：内部比较和外部比较。其中内部比较选取的对象主要是同一组织中的其他人和个人以前的经历。公平与否的判定受个人的知识、修养的影响，即使外界氛围也是要通过个人的世界观、价值观的改变才能够起作用。上面公式中无论是自己的或他人的投入和报偿都是个人感觉，而一般人总是对自己的投入估计过高，对别人的投入估计过低。

当一个人发现公司不公正时，会有以下六种主要的反应：

（一）改变自己的投入；（二）改变自己的所得；（三）扭曲对自己的认知；（四）扭曲对他人的认知；（五）改变参考对象；（六）改变目前的工作。

## 正激励与负激励

了解公平理论之后，我们可以根据公平理论，制定相应的奖惩激励制度。根据上一节的分析，我们可以知道：（一）影响激励效果的不仅有报酬的绝对值，还有报酬的相对值。（二）激励时应力求公平，使等式在客观上成立，尽管有主观判断的误差，也不致造成严重的不公平感。（三）在激励过程中应注意对被激励者公平心理的引导，使其树立正确的公平观，一是要认识到绝对的公平是不存在的，二是不要盲目攀比，三是不要按酬付劳，按酬付劳是在公平问题上造成恶性循环的主要杀手。

在企业里做到中层，用什么样的方式激励自己的小团队？这还要提到正激励（奖）和负激励（惩），合理的奖惩制度跟员工的“公平感”密切相关。

所谓正激励就是对个体的符合组织目标的期望行为进行奖励，以使这种行为更多地出现，提高个体的积极性，主要表现为对员工的奖励和表扬等。但是，员工对正激励效果的反应，往往比较迟钝。比如，如果企业的工会号召员工给贫困山区的失学儿童捐款100元，许多企业员工会觉得“100元”是一笔很大的支出；同样数额的100元如果作为月底绩效奖给员工，相信绝大多数员工会对这100元表示“没感觉”。

而负激励的心理影响却是巨大的，并且具有双重性。同样是100元，如果扣罚员工100元，带给他的心理痛苦指数，会远远大于奖给他100元带给他的快乐指数。从物质的角度看，同样是100元，区别在于精神上。

因此，在企业里，负激励往往比正激励更有效果。企业可以通过负激励的方式从心理上对其影响达到影响其行为的目的。如上例，一个员工因迟到或质量小差错被扣薪100元并公告，此员工的痛苦里面，还包括担心领导或其他员工对他的认识发生改变。这种比较，会带来强烈的公平感或不公平感，从而让“人比人”心理感受变得更加直接、刺激。

正激励和负激励作为两种相辅相成的激励类型，是从不同的侧面对人的行为起强化作用。正激励是主动性的激励，负激励是被动性的激励，它是通过对人的错误动机和行为进行压抑和制止，促使其幡然悔悟，改弦更张。正激励与负激励都是必要而有效的，因为这两种方式的激励效果不仅会直接作用于个人，而且会间接地影响周围的个体与群体。通过树立正面的榜样和反面的典型，扶正祛邪，形成一种良好的风范，就会产生无形的正面行为规范，能够使整个群体的行为导向更积极，更富有生气，最终使企业管理尽善尽美。

现代管理理论和实践表明，在激励机制中，负激励给人们造成工作不安定感，同时还会造成下级与上级关系紧张，同事间关系复杂，有时候甚至会破坏组织的凝聚力。过于严厉的负激励措施容易伤害人的感情，使人整天处于战战兢兢的状态，不敢越雷池一步，很容易抹杀个人创新能力和积极性；负激励措施太轻了，成员们就不当回事，处罚与不处罚差不多，不痛不痒，起不到震慑作用，又达不到预期目的。因此，负激励的运用一定要注意把握一个“度”，对于不同的成员群体，有时候还需要区别对待。

在组织管理行为中要做到“负激励面前人人平等”，它的执行比通常的奖励、表彰等正激励要更为准确和适当，难度也较大。负激励一旦产生偏差，员工就会有所计较，会导致组织管理者的权威受损，甚至导致组织管理形同虚设。

总之，“公平理论”和“正、负激励”运用恰当，可以在带团队过程中事半功倍；如果运用不恰当，那就是事倍功半，费力不讨好，无论你多么努力，大家总是不满意。

# 任人不唯亲，舍得“亏”自己

## 任人唯亲不是人才所为

人才到了一定程度，就会成为中层骨干、中层负责人。作为组织的管理者，要对团队成员一视同仁，甚至要舍得“亏”自己、“亏”自己人，只有这样无论对团队还是对自己，才有长远的发展。

**“一流人才”如果任人唯亲，照样困步不前。**

某分公司由于负责人调任其他岗位，上级给派来一位新的“一把手”。这位“一把手”（在这里化名L）是通过公开招聘上来的“人才”，业务标兵，所承担项目许多都是总公司的成功案例。L去分公司做一把手，锻炼几年就是升任总公司副总的节奏。上下充满期待，平级各种羡慕嫉妒恨。

“人才”带团队的风格不同，有人追求平稳，小富即安；有人追求在市场风险中拼搏发展，用高风险换回高回报。但是，L作为团队负责人，最大的问题是无法正确处理“自己人”和“外人”的关系，极力培育自己的嫡系，生怕好资源被“外人”拿走，一时搞得公司小范围里活跃积极，整体上死气沉沉、一片散沙。

但凡有校友、老乡、亲属、老下属关系的部门负责人，所带团队都得到L很好的支持，好的政策、资源、项目、资金甚至工作流程，都朝这边倾斜，嫡系部门得以迅速发展。而对其他由“庶出”担任负责人的部门，L基本上抽掉一切正面支持。偏偏这几个部门生存能力顽强，L内心生疑，单方面想当然地以为这几个部门负责人仍然不走，一定是因为在公司能获取某种“利益”。于是，L还通过各种制度、流程，冠冕堂皇地“考验”他们，通过技术数据本身的不确定性来否定他们的项目、限制他们正常业务的开展。公司大会小会，态度内外有别，两套技术指标并存，“庶出”部门一个个地被边缘化，业绩逐渐惨淡。

亲者关系更亲、感情更好，远者关系更远、感情更淡。在亲疏远近的背后，是公司内部发展出现巨大的不平衡，托前几年积累的福，公司整体业绩两年徘徊不前也没滑坡太大，但企业文化日渐衰落。出现这种情况，L反而更加认为自己支持嫡系是多么正确。年终分奖金，大头都留在嫡亲部门，庶出部门几乎拿不到啥，“肥水不流外人田”，L倍觉心安。

由于公司业绩徘徊不前，总公司几次督导，L认为应该把庶出部门“合并”掉，或者直接砍掉，但没想到总公司派来的调查小组在走访各个部门、形成报告上报董事会之后，公司将L调任另一分公司担任一个可有可无的闲职。L闲下来跟好友诉说，他始终不明白自己的问题出在哪里。

国企特有的体制，造成一种现象：平台是大家的，资源是有限的，铁打的营盘流水的兵，公司业绩跟领导者自己收入关联不大，公司未来跟领导者的未来也关系不大，只有“自己人”才是长久可靠的、值得投资的，人们过多地把眼光放在“自己”和“自己人”那里，结果却往往因小失大、得不偿失。

“二流”人才，如果懂得用人，也会创造显著的业绩。上面的案例还没有结束，后续发展是这样的：

L被调走之后，总公司派了另一位R来任负责人。在总公司的“人才”序列里，R的排名是远居L之后的。但R上任之前，就耳闻公司的问题症结。上任伊始，他就着手调整工作思路，同时在考核、资源、资金、流程等方面积极调整，各个部门一视同仁，甚至有意为那几个被边缘化的部门提供额外帮忙，提供心理上的安抚。约莫半年过去，公司人心重新聚拢，整体业绩在持续低迷半年后，开始出现好转。一年后，公司业绩出现惊人攀升。此后两年，一年比一年突出。到了总公司换届的时候，原本几年前不太被人看好的R，现在众望所归成为总公司副总。在他升职之前，他向总公司推荐一位原属“庶出”的部门负责人来接任自己的位置。

论资历、业务能力，R不如L。但R懂得任人不唯亲，有点儿眼前的小利益，不立即划拉到自己手上或“自己人”口袋里。在一个企业里面，他懂得所有团队成员都是企业的财富。他能把“自己利益”和“企业利益”的位置摆正，能把眼前利益和长远利益关系理顺。他的所作所为，让总公司满意，分公司振奋，R本人也在“人才”的队列中，稳步向前。

到了企业中层管理者岗位上，“人才”的整体素质，就不仅仅是人才自身的业务技能，更多的是他带好团队的能力，在这个过程中，协调能力、沟通能力很重要，但任人不唯亲、舍得“亏”自己也很重要。

## “我应该做什么”

《北京科技报》有一篇署名陈午晴的文章，从我国传统社会的结构和特征方面，剖析了“任人唯亲”的根源，对我们很有启发性：

> 亲疏远近的社会关系正是中国传统社会结构的一个面相。中国最后一个儒学大家、近代著名学者梁漱溟称之为“关系本位”，当代社会学大家费孝通则称之为“差序格局”。人们相互之间之所以形成亲疏远近的情感关系，并按照这个亲疏远近的人际关系采取亲疏有别的应对态度，可能来自多元因素的影响，除了血缘、姻缘的亲近性和伦理诉求，还有利益关联、外表特征、理想志气、性情气质、爱好习惯、时空切近等。显然“亲疏远近”是中国人社会关系的常态，“亲疏有别”亦属人之常情。可以说，“亲疏有别”的观念深入到了中国人的骨髓当中。
>
> 一般人际关系意义上的“亲疏有别”往前跨一步，进入到社会组织中的人选任用上，即成了特定的“任人唯亲”。
>
> 任人唯亲，在国企和私企，比比皆是，其危害是缓慢而漫长的。
>
> 有时候，任人唯亲不一定特指把不合适的人放到重要岗位上。“皇亲国戚”里也不乏能干的人，只要任用能干的人，“同等条件下优先”选择了“自己人”，既正当合法，也合情合理，“外人”也没

得说。

陈午晴的文章，还分析了“任人唯亲”的自私动机，可能有如下四种考量：

一者，任人唯亲可以保障“投入回报”。亲近之人得到提携也就是受人恩惠，自然要“滴水之恩，涌泉相报”。虽然其他人得到提携，也可能给予回报，但总不如亲近之人可靠。且有其他各种盘根错节的关系予以保障，万一出了差池，也是“跑得了和尚，跑不了庙”。这种“回报”可以是“就地还钱”，也可以是“来日方长”，说不定什么时候自己倒霉了，不也有条“后路”。

二者，任人唯亲可以扩大自己的势力范围。亲近之人得到提携之后，可以成为自己继续不择手段谋求私利的可靠帮手，所谓“一个好汉三个帮”，最好逐渐形成一个潜在的帮派势力。

三者，任人唯亲可以扩展自己的安全空间。亲近之人即使不愿或没有能力成为自己的得力帮手，但他（她）得到了提携，至少不会坏了自己的“好事”（诸如贪污腐败、偷税漏税之类），这同时意味着减少了其他人可能来破坏自己所做“好事”的机会。

四者，任人唯亲至少可以“肥水不流外人田”。反正亲近之人得不到提携也可能以其他各种方式来纠缠，其结果总是要侵蚀、瓜分自己的私利蛋糕。与其如此，不如让亲近之人直接参与瓜分更大的公益蛋糕，也算是“肥水不流外人田”吧。

业务技术不错的“人才”，提拔到了中层岗位，就把组织赋予自己的职责当成某种特殊权力，有意无意地拉帮结派，气量小得只能容下对自己有直接利益好处的人，有什么积极的正面力量、正能量，会助他继续向“人物”迈进？就算天上掉馅饼，他恰好是个“富二代”、“官二代”，或者有个“皇亲国戚”的出身，又有点儿小才，顺利地坐到重要的座位上，他也得不到人心，最终会让自己的路越走越窄。

在漫长的职业生涯中，只有认清自我才能获得不断前行的动力。人才，最大的敌人不是职场中的竞争对手，而是你自己。即使你拥有财富、学历、出身和天赋等方面的优越条件，如果没有意识到自己在做人做事方面的问题，也会最终沦为一个平庸的人。

包括人才在内，我们每一个人都应该扪心自问的，不是“对我有什么好处”，而是“我应该做什么”。

时间花错，人才变人手；
时间花对，人才变人物

## 时间是最需要管理的

我还记得刚刚到集团战略部当总经理时，事儿很多。上有领导、下有下属、外有虎视眈眈的竞争者、内有各种利益关系的同侪，家里也是上有老、下有小，外地亲友不时来看个病、办个事，时间表往往要预约到两个星期以后了。我老婆有天不满意了：人家美国总统奥巴马能出去吃个肯德基，法国总统奥特朗不时度个假，你一个小团队的负责人，怎么搞得比总统们还忙？说近的吧，你看集团的王总裁，管理着两个上市公司，每天拨拉几个亿的资金，满世界地飞，可人家照样有精力游山玩水、吟诗赋词、怡享天伦，还在新浪微博攒了200多万粉丝。还有你那大学时的哥们儿、当红作家冯唐，是大型企业的高管，还是畅销书作家，还迷恋古玉，精通红酒，不时在朋友圈秀秀自己的书法，经常360度环拍自己以慰自恋情怀……再看看你。

一语惊醒了我。那段时间，我每天起早贪黑、竭尽全力，但仍感觉时间和精力不够用！不够用！！不够用！！！总是应接不暇，总是疲于奔命，恨自己不像植物那样通过光合作用以节省吃饭时间，恨自己不能像凯库勒那样梦到一条蛇，来提示他解出苯环结构，而我梦中那条蛇，只会让我尖叫着醒来，我那个只有几千粉丝的微博，还因为没时间打理，荒得长野草，满屏都是小广告。

每个人每一天拥有的时间都是一样多的，没有人能够真正地管理时间。我们不能够因为今天很忙而要一天花30小时，也不能因为星期五没有什么事情而决定那天只有18小时就够了。这种事情根本不可能发生。因此，我们不能管理时间，而只能够管理自己如何利用时间。

美国管理学家富兰克林·科维提出“四象限时间管理法”，适合给大忙人用。这个时间管理理论，把工作按照“轻重”和“缓急”这两个维度建立平面直角坐标系，把日常事情分为四个象限：

第一象限（1级优先）：既紧急又重要（如大领导视察、即将到期的任务、财务危机等）。

第二象限（2级优先）：重要但不紧急（如规划思路、回邮件、员工培训、日常事务等）。

第三象限（3级优先）：紧急但不重要（如未预约的电话或客人、各种例会、部门会议等）。

第四象限（4级优先）：既不紧急也不重要（如刷微信朋友圈、阅读资讯、回访客户等）。

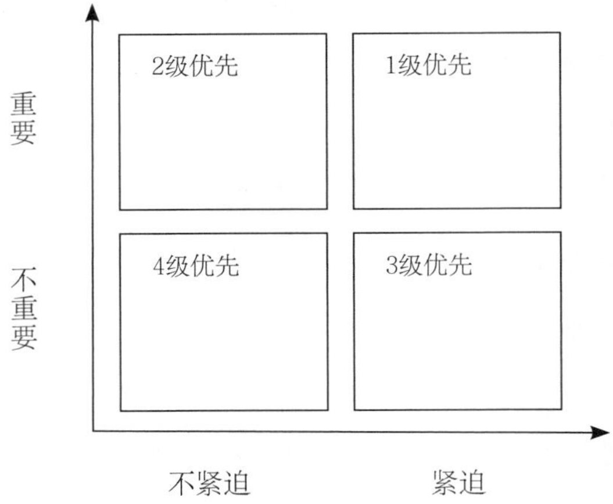


《高效能人士的七个习惯》是中国青年出版社出版的图书，作者是史蒂芬·柯维。史蒂芬·柯维博士是美国学界的“思想巨匠”，入选“影响美国历

史进程的25位人物”，被《时代周刊》评为“人类潜能的导师”，得到美国总统奥巴马的特别接见，是前总统克林顿倚重的顾问，《经济学人》杂志推举其为“最具前瞻性的管理思想家”。他在《高效能人士的七个习惯》一书中，总结了高效能人士的七个习惯，分别是：积极主动、以终为始、要事第一、双赢思维、知彼知己、统合综效、不断更新。

其中，第三个习惯是“要事第一”。为了能合理安排时间精力的支出，使工作与生活更加平衡，有些事情是“要是”，那就必然做；也有些事，可以不用立即做，甚至必要时可以拒绝做。

每周、每天进到办公室，把要做的事作个简要梳理，做事之前先分清轻重缓急，但对于多数人来说，可以在理智上判断哪些是“要事”，但情感上还有个“不想做”的情况。对那些情感上不想做但理智上应该做的事——这些事往往是一些不想面对，但总要必须面对的难题，有时候会拖拖沓沓，以潜意识里逃避。

一般人往往在四个象限来回奔波，忙得焦头烂额，却抓不住头绪。而优秀的人才，会有各种办法解决自己面临的问题。豆瓣知名网友“冯晗Phil”的处理方式是：“自己设定一段可长可短的supertime，在supertime里保证自己不受任何别的因素影响专心做这些事；supertime结束时如果没做完，再设定若干时间以后下次的supertime，如此交叉反复直到做完为止，但不勉强自己一定要完成。如果非要完成，往往会让自己筋疲力尽，毕竟面对的很多可能是永远解决不了的难题，能完成就已经很棒了，为什么还要期待一次就能完成？在两个supertime之间，给自己点奖励吧。”

## 明确顺序，明确重点

英国大卫·弗里曼托在《如何成为最受欢迎的员工》一书（重庆出版社，2011年出版）中写道：

> 什么事情对自己重要，什么不重要，是每个人的自主选择，任何人（包括你的老板）都不可能替你做主。当然，不可能每件事都重要，反过来说，也不可能任何事都不重要，“重要事情”的广度是没有标准的。有重要的事，相对就会有不重要的事，必须掌握好平衡。
>
> 另一方面还有一个做事方法的选择。例如，有的事情可以走捷径，不按规矩办事，并且也不违背公司的要求，此时有的人会选择最稳妥的路线，有的人会选择冒最大的风险，不同的选择也反映出人们对自己所看重的事物的差异。

我们所重视的事物反映出人们价值观的取向。许多人对于价值观存在很多误解，我们经常会在各种年度报告上发现关于“公司价值观”的陈述，其实在商业世界中，企业只不过是个法人，企业是不存在价值观的，只有自然人才会有价值观。

在我们的成长过程中，父母和师长都会传承给我们一套价值观。例如，他们会教导我们“礼貌”是很重要的，因此我们大多数人也就对此深信不疑，但读过一些名人传记后我们很快会得出一个结论：所谓重要的价值观其实是多种多样的。作为成年人，我们理应对这些价值观进行反思，建立真正对自己重要的价值体系，尤其在工作和事业方面。当你对此有了清晰的认识并且能明白无误地表达时，你就会受到企业的欢迎，特别是受到重视这方面能力的企业的欢迎。

在管理中，领导工作效果的80%，往往集中在20%的重要事情上。据心理学家研究表明，人在专心工作或思考问题时，最好能够一气呵成，不要间断，否则注意力通常需要很长时间才能恢复。

现代化、信息化的工作环境，使得大多数职场中人，特别是成为“人才”一级的经理层，因为上级指令、下级请示、平级打扰、客户沟通等等，几乎无法持续工作一小时以上而不受干扰。这时候怎么办?

一是每天预留出能集中精力、专心致志地思考重要问题或处理关键工作的时间，事先要估计到可能出现的干扰，预先安排出一段相对集中的时间以保证思路的连续性。

二是在做一件非常复杂的工作时，如果毫不间断地一直干下去，效率不一定很高。如果能在“百忙”中暂停一下，拿出点时间放松一会，然后冷静思索，暂时中断原来的思路，探索一下新的途径，常常会收到意想不到的效果。

三是少玩手机，少刷微信、微博，少看碎片化八卦或新闻。这些东西密集着标题扎眼、貌似极其重要极其有趣的资讯，容易吸人眼球。

拿着手机，不知不觉中浪费了大量时间，当时看着很兴奋、很有用、很受用，但放下手机很快就忘光，不仅浪费了时间，还劳累了大脑、眼睛、手腕、颈椎等，即使放下手机，也会影响后续工作的效率。

你自己想一想，微信、微博、公众号里碎片化、无序、无逻辑的纷乱信息流，都可以操纵你在一定时间内失去理智，上瘾一样地盯住手机屏幕，你这个样子，能保持站在“人才”队列中就不错了，还想自动晋级成为影响他人的“人物”，有可能吗？

**你在任何一个环境中，**
**都能承受委屈和压力吗？**

## “人物”大多都能承受委屈和压力

人们在面对委屈和压力时，所做的反应是不一样的。我在美国读书的时候，曾听到迈克尔·丹恩分享他的感受。他是阿肯色州一家赫赫有名的培训机构的资深培训师，在长期的工作中，他发现一个奇怪的现象：单凭前来参加培训的学员的外形气质，他就能判断出哪个人将要赚大钱，哪个人将要赔钱。因为一个人赚钱的欲望、智慧的头脑、清晰的逻辑等，都会反映到外形气质上，直接导致近期生意成败与否。所谓财运弱的人，往往是因为经常这么想：富足资源的总量是有限的，并且总量就不多，所以大多数人穷困，只有少数人才能富裕。这个念头可真是蠢透了。

多年的工作实践，我发现人们面对困境或逆境时，往往有三种不同的表现：

一种人善于处困境。在顺境中，他们表现得慵懒、无聊，成就平平，“蹉跎大好年华”；只有面临困难时，他们的潜力才会充分激发。困难越强，他们的斗志就越强，体力精力都会变得更加充沛，像正在捕猎的动物，视觉、嗅觉、感觉都会异常灵敏，能见到百米之外一草一叶的摇动，能闻到空气中轻微飘浮的气息，可以本能又准确地对形势做出判断，然后迅速采取行动。

一种人善于处顺境。在天时、地利、人和的时候，“好风凭借力，送我上青云”，一路赞歌、一路光环、一路勇往直前。但如果让他们进入逆境，他们就会被轻易打倒。

另一种人，就是介于前两种之间，有时候能处顺境，有时候能处逆境，有的时候、有的地方可以承受压力和委屈，另一些时候和地方就不行。他们的情绪和业绩表现，也会有波动。其实多数人处于这种状态下。

日本松下公司曾经招聘一批推销人员，录取的名额只有10人，可报考了几百人，最后通过电子计算机计分，选出了10名最优秀的推销人员。

在松下幸之助看录取者的名单时，发现面试时给他留下深刻印象的神田三郎却不在录取者之中，他当即叫人立即复查考试分数统计情况。经过复查，发现神田三郎综合成绩排名第三，只因计算机错误，把名次和分数排错了，才导致他的落选。松下幸之助立刻叫人给神田三郎发录取通知书。

然而很不幸，第二天，助手向松下报告了一个惊人的消息：神田三郎因没被录取跳楼自杀了。

松下幸之助沉默良久。助手在一旁自言自语地说："太可惜了，这么优秀的一个推销员，我们没有录取他。"松下不以为然地摇摇头说："幸亏我们没有录取他，意志如此不坚强的人是干不成大事的。从这件事，我们也可看出，我们录取的试题是不合理的。"

松下幸之助担心，如果公司真的录取了神田三郎，日后当神田面对工作中的压力、委屈时，会做出更消极的反应，不仅仅是结束自己的生命，还可能深深地影响其他员工，甚至广大顾客，引发更可怕的后果。

## 苦难造就人物

能成为大人物的人，他的气质往往藏在他承受的苦难里。在每个人的天性中，都有一种潜在的力量。这种力量是不能形容、不能解释的，它似乎不在普通的感官中，而隐藏在心灵深处。一旦处境危急，这种力量就会爆发出来，使我们得救。这种力量就是人的精神中的韧性，它是一个人自身精神能够存在和逐渐变强的脊梁。比如在交通事故中，面临死亡威胁时，不论是谁，都会竭尽全力从险境中挣脱。在海难、火灾、洪水中，常常看到纤弱的女性在生死关头迸发惊人的力量去保护幼小的孩子。平时，人们会认为她们不可能做到的事，但面临险境，她们创造了奇迹。

在职场中，“人物”承受委屈和压力的能力，有时候是惊人的。近年来，有个“人物”令我无比感慨，他就是褚时健老先生。

褚时健，曾任红塔集团原董事长，曾被称为“中国烟草大王”，1994年被评为全国“十大改革风云人物”。由于体制原因，他对企业的巨大贡献并没有在个人所得上得到体现，个人贡献和收入的巨大落差使他心理不平衡，辉煌的人生之路偏离了航向。1999年，因贪污受贿罪被处无期徒刑、剥夺政治权利终身。先后被减刑为有期徒刑17年、12年。2002年，因为严重的糖尿病获批保外就医，回到家中居住养病，并且活动限制在老家一带。保外就医后，与妻子承包荒山开始种橙子。“当时没敢想大规模。搞规模要投资，我投不起。但我有个目标，就是我这个橙要搞到最好。所以我起个名字叫‘云冠’，云南的冠军。”2011年，褚时健刑满释放。2012年11月，褚时健种橙的第十个年头，“褚橙”通过电商开始售卖，首次大规模进入北京市场，一时火爆全国。八十多岁的他，成为亿万富翁。2014年12月18日，褚时健荣获由人民网主办的第九届人民企业社会责任奖特别致敬人物奖。

从“红塔山”到“褚橙”，作为罕见的、身陷囹圄之后还能以古稀之年东山再起的企业家，通过电商和媒体的演绎，褚时健在许多媒体人的描述中，变成了一个励志符号，“在他跌宕悲辛的人生中，晦暗不明的部分完全让位于光彩夺目的晚年壮举”。他和他的“褚橙”成为一些人的心灵鸡汤。有人认为，褚时健的英雄本色，在于一个男人在晚年从高峰跌入命运谷底、承受极端的失意落魄时，怎样找回尊严。

每个人都曾失败过，是一蹶不振还是再次站起，褚时健这个最富争议的人物，给了人们一个答案。正是那些潜藏在内心的精神力量，那些在日常生活中不曾唤起的韧性，使“人才”成为“人物”，成为巨人。

**不怕碰壁，不怕吃苦，不怕吃亏**

大凡成为人中龙凤者，都有点儿与众不同的、不达目的不罢休的执拗劲儿。有人把这股劲儿总结为：不怕碰壁，不怕吃苦，不怕吃亏。这“三不”精神，从三个方面体现了一个人的综合素质和发展潜力。这种精神，在“人手”“人才”和“人物”三个层面上，都很有意义。

## 不怕碰壁，在被打击中强大

阿里巴巴的马云有句很励志的名言：“宁可出去碰壁，不要在家面壁，成功永远属于敢拼敢闯敢担当的人！”

江南好，风景旧曾谙。美丽的江南城市杭州，有个不安分的大学老师马云，放着体制内舒服的工作不干，拉着十几个朋友一起创业。而他自己创业早期最大的感受莫过于“碰壁”，而且是到处碰壁。这是一个当前流行的励志故事：

马云第一次进京发展是1995年，这年秋天，来北京推销中国黄页。当时政府对于互联网的态度还不明朗，因此北京媒体还不敢大张旗鼓地宣传互联网。几经折腾后，马云认识了在中央电视台“东方时空”栏目工作的杭州老乡樊馨蔓。樊馨蔓为人仗义，她虽然听不懂马云的理论和网络模式，但却被他的热情打动了。她拍了一部名为《书生马云》的专题片，真实记录了马云在北京的遭遇。这部专题片记录下了当年马云在北京现场推销的画面，观众可以看到商业“大佬”成名前，到处碰壁到处吃闭门羹的画面。樊馨蔓曾说，

“在片子里，他就像一个坏人，虽然滔滔不绝，但表情总有一点鬼鬼祟祟。他对人讲他要干什么什么，要干中国最大的国际信息库，但再看听者的表情就知道，人家根本不知道他说的是什么。”

不怕碰壁，是马云突破人生困境的最基本的选择。当面对他人一次又一次的冷嘲热讽、当面对客户对我们一次又一次的打击时，我们能经受得起吗？我们是否还能保持最初的激情，同时坚守自己的目标？我们是否还能保持不下降指标，而是持续不断地增加措施？

在市场开发中，当客户毫不客气地让我们“滚”时，我们会保持一种什么样的心态呢？我们是继续争取，还是马上灰溜溜地离开，从此不再争取面谈？无论是个人还是集体不在打击中成长，就在打击中消亡！

敢于碰壁，就是不怕丢面子。面子是自己给自己的，不是别人给的。害怕丢面子会让自己丢一辈子的面子，害怕失败会失败一辈子！害怕丢面子带来的结果往往是打肿脸充胖子，会让自己更加痛苦，从而丢掉更大的面子，让自己陷入一种恶性循环！碰一鼻子灰，就算是失败了也别怕，世上失败的人有千千万万，你不是第一个也绝不是最后一个。你是碰壁了，可是碰壁的人数不胜数，你不是开头的那个也绝不是断尾的那个。

## 能吃亏，这是长期的隐性投资

新东方创始人俞敏洪，曾经在北京大学一次开学典礼上，给同学们讲到了一个故事：他小时候就喜欢劳动，大学四年里，他也每天坚持打扫宿舍卫生，很乐意地为同学们打开水，以至于他们宿舍从来不排值日表。他不认为为大家打开水是件丢人的事。由于他几乎承包了打开水的事儿，当没开水了的时候，同学们就会自然而然地问：俞敏洪，怎么还不去打水？多年后，俞敏洪的新东方初具规模，他需要寻找合作者。于是就跑到美国和加拿大去找他的那些同学。为了让同学们感到他不会亏待老同学，他便大把大把地花美元，期望这美元能打动同学的心。后来同学们果真回来了，但是理由却令俞敏洪十分意外。他的同学们说："俞敏洪，我们回来是冲着你过去为我们打了四年水。""我们知道，你有这样的一种精神，所以你有饭吃肯定不会给我们粥喝，所以让我们一起回中国，共同干新东方吧。"

大学四年，给宿舍兄弟们打水四年，俞敏洪貌似吃了四年亏，但他的吃亏得到了最有价值的回报。

吃亏，就是主动去做别人不愿做的工作。在平常的工作中，有许多让人不想做的工作，人们对这样的苦差事往往采取敬而远之的态度。但是工作终归要有人来做，于是，众人在面对这种苦差事时，都会暗自祈祷千万别落到自己的头上。在这种情况下，如果你能主动去做这些人们都不愿意做的工作，不仅能赢得同事的敬佩和感激，更能够得到老板的赞扬，有时候甚至还会让老板对你敢于承担责任、为其分忧解难而心存感激，"多亏了他的暗中支持！"况且，这没准儿正是老板有意安排的考验呢！

# 你是怀才不遇，还是怀才不够？

“认识你自己（Know yourself）”，相传是刻在德尔斐的阿波罗神庙的三句箴言之一，也是其中最有名的一句。有人认为这句话出自古希腊七贤之一斯巴达的喀隆，或说出自泰勒斯，或说出自苏格拉底。这句名言告诉我们，人面对的最大的未解之谜正是人自己。

一些年轻人，尤其是经常被称为“人才”的人，往往对自己的客观评价不够，对自己的能力估计过高，没有意识到自己拼搏不足、行动不够的事实，但是对别人能力估计过低，又不愿意相信别人正在默默地奋斗。这些人多数时候并非“怀才不遇”，而是“怀才不够”。

我所在的集团有一个自以为怀才不遇的小伙子，属于心怀理想型，脑子灵活、有想法、有激情、能折腾。在分公司创业阶段，他做成了几个不错的项目，率先在同伴中从“人手”成为“人才”，30来岁就做到了中层主管，是集团重点培养关注的对象，也算少年得志。他第一次给我留下深刻印象，是在大约五年前的集团公司全体中层干部大会上。那天散会后，他盯着主席台中央总裁坐过的位置，对我说，他最大的理想就是有朝一日能坐在那里，做资本运营，左右一个行业的发展。虽没从事过类似工作，但他想象中自己将来可以在那个位置上纵横驰骋、捭阖天下，绝不比现在的总裁干得差。

那段时间，正值电商迅速发展时，他凭借着内心力量的驱动，借助百度搜索，花费一个星期策划了几个跟阿里巴巴、京东商城、百度等公司的合作项目《商业计划书》，然后呈报给分公司领导。分公司领导未置可否，小伙子又越级呈报到我这里来，并请我报送给集团董事长。集团董事长看了他的合作项目计划书，破例给了他一个当面陈述项目的机会。小伙子如愿以偿，激动万分，给我打电话说，他策划的项目获得了领导的某种认可，他终于要遇到伯乐了。

经过近一小时的项目陈述后，集团董事长、分管领导和相关业务部门主管听得一头雾水，分管领导只好中途打断他，问了他几个基本的问题。诸如：

问题1："你认为京东商城、亚马逊、eBay、凡客等的核心竞争力和核心商业模式，都是靠流量圈风投或天使投资人的钱，你的依据是什么？"

问题2："你刚才提到B2B商业模式将迅速让位于C2C，发生这一变化的社会心理、信息技术、经济发展水平等等，都分别是怎样的？"

问题3："你认为雷军先后开发金山系列软件、把卓越网卖给亚马逊，属于'投资失败'，但这跟'小米手机注定失败'有什么必然关联？"

问题4："引入风险投资（PV），会给我们目前的××项目带来什么影响？"

……

针对这些问题，小伙子语气昂扬、神采飞扬，但回答的内容完全抓不住要点，严重跑题。

集团领导发现他对一些基本的常识问题都缺乏深入思考，提出的几个合作方案也都是沙滩上建楼，基本不靠谱，不禁皱起了眉头。但在问题回答的时候，小伙子自我感觉良好。

次日上午，他就收到集团总经理办公室的回复，那几个项目均未通过立项。

小伙子非常不甘心，心里很气愤，深觉自己又勤奋又有创新思维，但在一群老土的带领下，实在是怀才不遇。

所谓“良禽择木而栖”，小伙子很快就跳槽到另一集团，但不久又离职。不到五年时间里，换了五家公司，基本没有恒定的项目实施，业务水平一直没有提升，自然也没有让业内人士瞩目的业绩。而与此同时，他当年一起创业的小伙伴们，陆续成为行业的骨干人才。最后一次听到小伙子的消息，是有多家银行的电话打到公司人力资源部，打听小伙子的下落。原来小伙子恶意透支多家银行的信用卡，然后玩起失踪。（看到这里，各位聪明的读者恐怕已经猜到了，他就是前面小A身边的“导师型忽悠”。）

许多年以前，我在学校读书，有位老教授说了句话，让我至今深有感触。那天有几个同学上课迟到、作业不交，老教授叹道：“你们进了北大，自以为是‘人才’，北大什么都缺，缺钱、缺技术、缺各种资源，但是，北大最不缺的就是自以为是的人才！”

总有一些自以为是的“人才”，觉得自己在公司怀才不遇，甚至在离开一家公司时，会感慨“此刻就是公司的巅峰”，“今后公司只能下走坡路了”。但结果呢？那家公司照样发展，甚至发展得更好。铁打的营盘流水的兵，地球少了谁都一样转动。

如果你看到身边有谁才华横溢却从事着平庸的工作，或者看到谁感叹自己生不逢时、怀才不遇时，你首先要想到：他努力得够吗？他有没有尽全力去追求自己梦想的生活和职业？

ANSWER

不是答案的答案

## 有协调力才能出位

“人手”修炼到“人才”阶段，相应的核心能力也从“执行力”转化为“协调力”。协调力，即协调能力，是指人才在工作中，需要持续不断地发挥的一种协调指挥才能。“人才”往往做到了企业的中层或项目组的负责人，应该懂得一些科学的组织设计原则，应该熟悉并善于运用各种组织形式，还应该善于履行职责，能够指挥自如、控制有方、协调人力、物力、财力，推进实施项目或其他经营目标，以获得最佳效果。

一般认为，协调能力包括人际关系协调能力和工作协调能力等方面。MBA智库百科，对“协调能力”的定义是这样的：

（1）有效的人际沟通能力。是指企业经营管理人才通过各种语言或其他媒介向他人传达某种信息，以有效地使他人获得理解，促进经营管理活动顺利地进行。企业经营管理人才在经营管理活动中必须及时向下属、同层次人员、上级或其他人员传达信息。要使对方理解其信息，促进双方的协调就必须进行有效沟通。

（2）高超的员工激励能力。企业经营管理人才要善于利用各种手段激励员工，以激发员工的积极性、主动性和创造性。对此，企业经营管理人才必须把握以下几个方面：一是企业经营管理人才对其下属的不同需要和价值取向必须具有敏感性；二是企业经营管理人才必须努力增加下属员工的“努力工作可以产生好绩效”的期望；三是企业经营管理人才必须保证下属员工感到组织的公平对待；四是企业经营管理人才要善于鼓励下属员工设立具体的有挑战性的现实合理的绩效目标。

（3）良好的人际交往能力。是指企业经营管理人才在人际交往中以各种技能来建立良好的人际关系，即“为我所用”的能力。譬如如何与下属或上司建立良好的同事关系等。

企业经营管理人才的人际交往能力是有效经营管理的前提条件。作为人际交往能力的重要部分，积极倾听、有效反馈、训导、解决冲突和谈判都是企业经营管理所应具备的技能。

第六章

# 一流的领导力，跻身卓越“人物”

QUESTION

# 职场第六问

## 人才的下一站，是人物。你准备好了吗？

人才的下一站，是人物。你准备好了吗？

我们经常说，人物是可遇而不可求的。事实也是如此，时势造英雄，没有时势，哪来的英雄呢？不可否认的是，我们这个世界在很大程度上是由精英来领导的。少数精英的影响力远远大过众多的普通人。这也可能是很多人希望成为人物的原因之一吧。

如何成为人物？有句话说得好，先生存后发展。成功是熬出来的。无论是一个公司也好，一个单位也好，你必须留下来，才有成功的希望。但成功不是幻想，不能把梦想和幻想混为一谈，你必须有所为有所不为，努力地自我驱动，一步一个脚印踏踏实实地工作。

林肯被誉为美国历史上最伟大的总统之一，他也是一个气度非凡的人。在竞选总统前夕，他在参议院演说时，遭到一个参议员的羞辱，那参议员说：“林肯先生，在你开始演讲之前，我希望你记住自己是个鞋匠的儿子。”“我非常感谢你使我记起了我的父亲，他已经过世了，我一定记住你的忠告，我知道我做总统无法像我父亲做鞋匠那样做得好。”参议院陷入了一片沉默。

他转过头来对那个傲慢的议员说：“据我所知，我的父亲以前也为你的家人做过鞋子，如果你的鞋子不合脚，我可以帮你改正它。虽然我不是伟大的鞋匠，但我从小就跟我的父亲学会了做鞋子的技术。”然后，他又对所有的参议员说：“对参议院的任何人都一样，如果你们穿的那双鞋是我父亲做的，而它们需要修理或改善，我一定尽可能地帮忙。但有一点可以肯定，他的手艺是无人能比的。”说到这里，所有的嘲笑化作了真诚的掌声。

林肯不以做鞋子为耻，展现出一流的包容心。他成为美国历史上最伟大的总统之一，跟胸怀宽广、有人物魅力密不可分。你如果坚持下去，做个让自己尊重的人，也有看到成功希望的一天。

# 10万精英引领的世界

我们可能不知道自己公司有多少个部门，但一定熟知老板的名字；我们往往记不住客户的电话号码，尽管在过去五年里经常联系；每天进出小区不会多关心保安，尽管他天天守着小区的大门；我们过年回老家，记不住远房亲友的名字，甚至在大街上认不出自己二十年前的初中同学。但是，对我们世界中的一些精英人物，我们或许从未见过真人，却觉得他们天天影响着我们，如天天在《新闻联播》露面的国家领导人，如乔布斯或马云式的商业巨子，又如远在地球另一端的体育明星或演艺名人，我们能对他们的名字、故事、性格甚至衣饰爱好，都可以如数家珍地说个不停，仿佛非常熟悉他们。

不是我们的记忆力出现了“选择性障碍”，也不是我们对亲友冷漠、想讨好名人，仅仅是因为这些精英人物对我们的生存空间、生活质量、生活方式、休闲娱乐等各个方面的影响，远远大于几十年和我们一墙之隔的邻居，大于远房的老亲戚，甚至大于天天面对面一起办公的同事。

## 精英遥控着我们的生活

大诗人歌德虔诚地将历史称为“上帝的神奇作坊”。在这个作坊里有许许多多平淡无奇、微不足道的小事，也会有一些崇高而难忘的时刻、崇高的人物，虽然是凤毛麟角，却影响甚至改变了我们的生活。茨威格在《人类群星闪耀时》一书中写道：“历史又仿佛是一位编年史家，漠然而执着地使一段又一段历史彼此相连，就像把一个又一个环扣串联成数千年悠久的长链，因为一切激动人心的事物都需要准备，一切重要的事件都要有个过程。在不同的时代和不同的地点，都曾有过星光灿烂的时刻。”

那些时代的精英人物，就像永恒的夺目的星星，照耀着暂时的黑夜，而许多平庸之辈组成的人群，则像精英人物表演舞台的一块背景幕布；如果用法国社会学家勒庞的话来形容人群，那不过是一群既无智慧又盲目冲动的“乌合之众”。

精英是精选出来的优秀人物。“精英”一词最早出现在17世纪的法国，意指“精选出来的少数”或“优秀人物”。精英理论认为，社会的统治者是社会的少数，但他们在智力、性格、能力、财产等方面超过大多数被统治者，对社会的发展有重要影响和作用，是社会的精英。其中极少数的政治精英代表一定的利益集团，掌握着重大决策权，他们的政治态度、言行，对政治发展方向和前景产生重要影响，决定着政治的性质。精英既可以产生于社会上层，也可能从下层产生，既可以产生于政治领域，也可以产生于其他社会领域；公民可以通过各种形式的政治参与来表达利益，对统治者施加影响，迫使他们做出有利于大多数人的决策；精英一旦失去领导能力和大众的信任，就有被代替的可能性。

## 精英的特征

M. E. 奥尔森和M. N. 马杰尔认为，精英取向的基本原则有六个要点：

第一，在所有的社会（以及大型组织）当中，一直并将继续存在少数强有力的统治精英。不论政府体制和经济制度的性质如何，总是寡头统治或少数人对多数人的统治。群众确实不能自己统治自己。

第二，尽管精英在人口中占有极小的比例，但他们却控制着极大份额的资源。他们组织良好，高度内聚。因此精英在社会中能够有效地使用权力。

第三，精英往往会运用所有的手段来保护、维持其权力，并且一有可能便增加其权力。只有在有利于其自身利益时，他们才与他人分享权力。他们从来不主动让渡权力。

第四，为了统治社会，精英会运用极其广泛的各种技术手段，包括控制政府、支配经济、使用警察和军事力量、操纵教育体制和大众媒介、惩罚和消灭反对者，以及制造意识形态以使自己的权力和统治合法化。

第五，精英允许甚至鼓励有限的社会变迁，但是力图将变迁程度限制在有利于实现他们所追求的目标而不能威胁到他们的权力。重大的社会转型总是遭到精英的反对。

第六，当社会变得越来越庞大而复杂时，精英的权力趋于隐秘，因为这一权力根植于无数的组织化结构之中。其结果，精英的统治愈发无处不在，而且愈发有效。

美国战略咨询专家戴维·罗特科普夫在《超级精英》一书中提出，当今的世界有6000名超级精英，这些人管理着我们的政府，经营着跨国大公司，操控着国际经济、媒体、宗教，以及一些处于阴影下的领域（如恐怖组织）。这6000名全球精英，不仅引领着当下社会的发展，还重塑着我们的地球，直接或间接地操纵着全球60亿人的命运。

全球精英的阵容日益壮大，已经产生深远的影响。今天的超级精英获得了前所未有的权力和财富，他们的全球化速度远远超过了其他任何团体。全球超级精英成员内部的同质程度远远大于他们与一国同胞之间的同质度。当他们推动国际合作计划时，可以作出卓越贡献；当他们的利益与本国民众发生冲突时，也会导致问题发生。他们控制着全球化的世界。

胜者为王？剩者为王！

## 成功是熬出来的

早在2001年，美国的著名畅销书作家斯宾塞·约翰逊在出版的图书《谁动了我的奶酪》中就已经提出：每个人都要给自己一点危机感。因为生活永远在变化中，而变化就意味着危机。

除市场“无形手”的优胜劣汰之外，来自政策、法规、标准等方面“有形手”的调控力度也在日趋增大。比如来自环保方面的压力与挑战，来自电商新模式的冲击与颠覆，剩者为王，世界每时每刻都在进步与演变，我们永远无法准确释义。唯有创新，方得始终。赢在最后，才是硬道理。

《华夏基石e洞察》2016年1月刊发周鸿祎的《成功是熬出来的，要像阿甘坚持到最后一分钟》（节选）：

> 我最近在反复想一个问题，在中国，现在的创业环境怎么样能够变得更好，中国的互联网，包括产业环境怎么能变得更加的开放。我认为中国是全球最有价值的互联网市场，中国人这么聪明，又这么有创新能力，有这么多优秀的年轻人。我们的互联网产业才过了十几年就未老先衰，最后互联网多了几个收入很高的大家伙，但是很多的新生公司没有机会。我觉得这样的互联网产业，对整个国家的进步，对提升中国软实力没有意义。
>
> 当年美国有了雅虎之后，大家觉得已经到头了，可是谷歌来了，Facebook出来了，接着微博又出来了。美国的价值观就是小公司颠覆大公司，这是社会前进的动力。美国在互联网高度成熟的情

况下，依然有很多创新的模式，这才代表一个国家、一个民族和年轻人的活力。

那么我们的创业公司如何创新？大家经常有一个误解，一提创新，有些公司说我们公司申请多少专利。专利跟创新没有关系。大家觉得要搞研究院，要请科学家，要投入上亿美金，十年磨一剑，弄一个新的技术出来。如果这就是创新的话，那么在座各位可以回家洗洗睡了，因为我们是小公司，我们连活都活不下去，我们怎么创新？

我经常说我有资格和很多的创业者交流，创业者愿意听我讲一些干货，并不是因为我有多成功，或者说你是创业公司的老总，或者你的股票达到多高的价格。现在的成功太以人的身价、公司的销售额和市值来论成功，但是这种并不是对创新的支持。我之所以能够这样，因为我是互联网里面的失败者，只不过我没有被他们击倒。正因为有很多的失败，才能给我总结很多经验，才能使我避免再次去犯同样的错误。

真正的创新者要干创新的事，十有八九是失败的，成功的概率很低。如果一做就成功，那就不是创新的。我们每个人的内心都是崇拜成功者，鄙视失败者的。很多成功的企业都是得意扬扬地出来，讲自己成功的故事，很少有人讲自己怎么失败的。但是成功的经验没有办法分享，因为是偶然的，只有失败的东西可以跟大家分享。

## 活到最后才活得最好

对于成名后的“大人物”，我们往往只能从报纸、电视、网络等媒体中知道他们的光辉事迹，但是他们背后吃的苦，我们又有多少人能够知晓呢？每到睡觉时间，我们有多少人都舒舒服服地躺在床上开始了高质量的睡眠，而那些刻苦努力的人都在拼命挤时间做更多的事。每到节假日或年休假，我们带家人游山玩水，或吃喝玩乐看肥皂剧，而他们跑市场、做调研、到处寻找灵感和“头脑风暴”，他们时时刻刻紧盯市场，紧盯前方的目标。

1995年3月夜，杭州的马云家里挤满了人，这些都是马云4年来在教书时结识的外贸人士，马云想听听这些做外贸的人对Internet的商务需求。“我请了24个朋友来我家商量。我整整讲了两个小时，他们听得稀里糊涂，我也讲得糊里糊涂。最后说到底怎么样？其中23个人说算了吧，只有一个人说你可以试试看，不行赶紧逃回来。我想了一个晚上，第二天早上决定还是干，哪怕24个人全反对我也要干。”

放着舒服的大学教师职业、只赚不赔的工作不认真干，马云决定创新，并且在电商市场的拼杀中，几经起伏，最终成为行业的老大。从这一点上，我们该如何自我反省，该如何催自己上进呢？要刻苦努力，永不放弃，坚持到最后一刻，成功往往就在最后一刻等着你去分享喜悦。

2016年是我国进入全面建成小康社会决胜阶段的开局之年，“十三五”规划建议提出：“实现‘十三五’时期发展目标，破解发展难题，厚植发展优势，必须牢固树立创新、协调、绿色、开放、共享的发展理念。”全国政协委员、苏宁控股集团董事长张近东在一次接受采访时表示，面对经济发展“新常态”，创新是引领发展的第一动力，而创新就是“剩者为王”，往往最后坚持下来的企业才是最成功的企业，坚持到最后的创新才具有价值。

现在几乎人人都用QQ或者微信，而这是腾讯公司的两个重要产品。QQ是腾讯早期开发的软件，在马化腾事业陷入困境时，他想卖掉QQ换钱。然而在谈判中，一些ICP要求独家买断，这让本想靠QQ软件多卖几家公司赚钱的马化腾非常犹豫。QQ卖不掉，但用户增长却很快，运营投入越来越大，马化腾决定坚持下去。为了坚持下去，他不得不四处筹钱。那时候的银行还没听说过凭“用户注册量”可以办抵押贷款，国内投资商关心的不是技术——“软件不是硬件，看不到、摸不着”，不是商机——“QQ有什么用”，而是腾讯有多少“固定资产”。一连谈了四家金融机构，对方出价都远低于马化腾的心理预期，自然都没有谈成。不被看好的马化腾，决心留下QQ，自己把它养大。

我们不知道雷军是否后悔把卓越网卖给亚马逊，我们只知道马化腾会庆幸没有把QQ卖出，庆幸自己坚持到了最后。

# “有才不任性”才能成为“人物”

有才往往和任性相关，有大才就大任性，有小才就小任性。甚至现代社会的人，把“任性”当成有才、有个性的表现。“任性”成了许多年轻人的通病，但任性往往把才华变成灾难，这样的案子，古往今来，比比皆是。

中学语文课本上，有篇课文讲三国谋士杨修的故事，他恃才任性，屡屡犯忌，年纪轻轻就被砍头。课本上没讲的有才任性的例子，还有个跟杨修同时代的祢衡。祢衡才思非凡，记忆力惊人，尤其擅长击鼓，年纪轻轻就声名远扬。曹操请他击鼓，他在大庭广众之下，裸身击鼓，令曹操非常难堪，事后他不仅毫无惭愧，还执杖怒骂曹操。曹操考虑到祢衡是公众人物，就饶过他，还把他引荐给刘表。刘表也很看重他，凡事都请祢衡拿意见。祢衡又多次傲慢侮辱以对，多次把刘表的奏章当众人的面撕碎乱扔。刘表只好把他引荐给黄祖。在黄祖的宴席上，祢衡又出言不逊，结果黄祖没客气，一气之下杀了他。才子祢衡卒，享年26岁。

现在也不乏这样的例子。最近一段时间，不断有娱乐圈名人因为嫖娼或吸毒被抓，而提供线索的“朝阳群众”也成了网红。网友戏称“朝阳群众”与CIA（中情局）、KGB（克格勃）、MOSSAD（摩萨德）、MI6（军情六处），并称“世界五大王牌情报组织”。那些因吸毒或嫖娼被抓的娱乐圈名人，无论名气大小，多多少少都是有些才气的，他们明知在我国嫖娼或吸毒的后果，但仍然任性而为，也只好自己承担后果。有的因此丧失了良好的形象，有的给经纪公司也给自己带来较大的经济损失，赔钱又丢脸，还有的甚至断送了演艺生涯。

前不久老友聚会，席间提到技术人才，有人提到李一男，在座无不唏嘘。

李一男，少年得志、青年风光，绝对属于“有才”那一类，是当年和雷军、张晓龙齐名的少年才子。但是，当雷军的小米手机火爆，跟苹果、三星、华为等成为响当当的世界品牌时，当张晓龙的微信改变社会大众的生活方式和消费模式时，当雷军、张晓龙，都堪称“人物”时，李一男却成了阶下囚。

如果你仍不知道李一男是谁，看到这个名字，你的第一反应可能是“我去百度一下”，那么，你就可以记住李一男了——这个人曾经担任百度的CTO（首席技术官）。

以下是李一男的公开简历：

李一男，1970年出生，湖南人，华中理工大学少年班毕业。15岁考入当时的华中理工大学少年班；1993年6月，毕业后即加入了华为。两天时间升任华为工程师、半个月升任主任工程师、半年升任中央研究部副总经理、两年被提拔为华为公司总工程师/中央研究部总裁、27岁坐上华为公司的副总裁宝座。2000年离职创办港湾网络，后被华为收购。此后，他先后出任百度首席技术官、中国移动旗下12580CEO；2011年以合伙人身份加盟金沙江创投。2015年4月，李一男公布了新的创业项目——智能电动车。2016年3月15日，李一男因涉嫌内幕交易罪在深圳市中级人民法院受审。

在商业巨子和技术才子成为时代明星的年代，一个能被任正非和李彦宏欣赏的年轻人，精彩的人生究竟为什么戛然而止呢？原因肯定是多方面的，但李一男这样的少年大学生、技术天才，智商应该没有问题，问题出在情商上，“有才就任性”，对李一男来说，就是阿基里斯的脚后跟。

据在华为担任高管的朋友说，在华为，曾经，任正非与李一男的关系一度到了情同父子，甚至华为内部高层不少人认为李一男将成为任正非的接班人。1993年的硕士绝对称得上“人才”，23岁“天才”进入华为后开始一连串的升级跳，加入华为的第四年，他以27岁的年纪成为公司最年轻的副总裁，当时华为的员工超过15万人。

而“任性”使一帆风顺的李一男，在而立之年走上另一条路——2000年，李一男选择“内部创业”，从公司带着价值1000万元的设备，创立了“港湾网络”，还从华为研发部门挖人，推出属于港湾自己的产品，依托从华为争抢来的客户迅速发展。创业伊始，便实现神话般的迅猛增长：2001年港湾年销售收入1.47亿元，2002年销售收入4.1亿元，2003年销售收入10亿元。港湾网络越来越挑战华为的市场利益，华为不得不反击。直到2006年6月，华为宣布收购港湾核心资产。李一男回到华为，继续出任副总裁。两年后，李一男离开华为，出任百度CTO（首席技术官）。百度创始人兼CEO李彦宏曾对李一男抱有厚望，“全世界能做百度CTO的人不超过三人，李一男就是其中一位。”他曾是百度创始人兼CEO李彦宏最欣赏的人。

李一男也许是想借助百度平台东山再起，找回自己的尊严。但熟悉了华为经营模式和工作环境，在百度一年多，他表现很一般。但这个个性极强、极具创业精神的技术天才，再次“任性”了一回，2010年元旦刚过，他离开了百度，去了中国移动旗下的12580出任CEO。在12580任职期间，他的业绩开始呈现。但在事业刚有起色时，一年半后，他再次出走创业。2011年8月，他以合伙人身份加盟金沙江创业投资基金，曾有公开感言，“我非常幸运地加入到金沙江创投，在这期间我接触到许许多多的项目和许许多多的创业者，大凡都是年轻人，他们那种追梦、敢想敢拼、不解决问题誓不罢休的劲头，深深地让我感动。”但2015年4月，已经45岁的任性技术天才李一男表示要将过去“一切归零”，要“打造一款中国最牛的电动车”。这一领域不仅与他过去的通信技术背景不同，而且电动车目前无论是政策上还是市场上都还存在一些不确定性。不足一年后，2016年3月，李一男的创业未见明显成效，却因为“任性”地涉及内幕交易而受审。

过度的任性，是一种情商和自我认知的反常，它会造成大脑的枯竭和细胞的紧张。它违背了我们做人、做事的基本原则——公平、正义、包容。对职场中人来说，任性是情商方面非常重要的一环。

公司环境不是为你一个人设计的，有的地方你满意，有的地方你不满意。面对你不喜欢的部分，最好的办法就是适应，甚至化不喜欢为喜欢。面对不喜欢的人或事，动不动就任性地一而再、再而三地跳槽或创业，以为那样就能再现辉煌、再上新台阶，扬名立万。

为了梦想，做到宠辱不惊，风光时懂得自省、不膨胀得利令智昏，不为外界一时的诱惑而舍弃先前的事业基础、情感基础、人脉基础；失意时懂得自爱、能隐忍积蓄，能有足够的耐心去等待，并且在等待中打磨自己。这些实在是职场中层、技术骨干、业务骨干，每一天的日常工作中再寻常不过的了。

正是梦想路上大大小小的挫折和考验，成就了一个乐观向上、勇于挑战、不断超越自己的你，漫长而艰巨的磨难，才能从众多的“人才”里面，淘出最后的“人物”。有才而不任性，这是从“人才”到“人物”的必经之路。

# 幻想不是梦想，要有所为、有所不为

## 别把梦想和幻想混为一谈

经常有人给自己鼓劲儿，“如果别人能做到，那么我也能做到。”无论你的目标是把自己从“人才”奋斗成“人物”，还是毕生奋斗只为了安于做个“人手”；无论你的目标是长期还是短期，只要你相信自己能行，你就一定能做到。

信念来自于心灵深处，它告诉你未来的日子里最重要的事情是什么。但是，这种“信念”有时候是害人的。一个资质平平、业务一般、不懂互联网、又不肯吃苦下力气的年轻人，梦想自己三年内成为刘强东那样的电商精英；一个80岁的老人，不会滑板、从未学过任何舞蹈、也不懂音律，却想成为世界顶级的冰上芭蕾舞演员，这就不是“梦想”，而是“幻想”。梦想和信念是最核心的动力，但要注意别与幻想混为一谈，幻想总是遥不可及的。

我可以幻想中1亿元彩票大奖，但我买了5年多的彩票，还从来没中500元以上的奖，而我买彩票的钱却花了两万多元了。我也可以幻想邂逅查理斯·塞隆那样的美女，和她一同前往充满异域情调的马尔代夫，在棕榈树、白色的沙滩和碧水蓝天之间，一起过着神仙般的日子……这些，都是幻想，都不是梦想。

梦想和幻想不一样。幻想是一个人无能为力的极小概率事件，取决于天上掉馅饼式的意外好运。梦想是指经过努力，确实有很大希望实现的意念。梦想可以在未来转换成现实。要实现梦想，你可以有明确、具体的行动，不论多艰难，这些行动都能使你朝着梦想的方向前行。而对于幻想，一般人都无能为力了，即便买彩票的钱翻倍，能否中奖，仍然是完全不确定的。

心中有了真正的信念，任何有现实可能性的事情都能实现。如果你现在没有工作，你就要相信前方一定有理想的工作在等待着你，你可以采取行动，努力干上这份工作；如果你在争取升迁，但是两次都失利，你就应该相信有朝一日自己能晋升到心仪已久的职位，但首先要确定自己能有所作为，有升迁的实力。

在实现人生愿望的过程中，理由要远比手段更重要，理由是实现梦想的最大动力。事实上，要获得你梦寐以求的成功，理由应该比手段更为充分。

理由是强大动力，是促使人们去做正确的事的最有利因素。举个例子，一个人因为常年酗酒，得了肝癌。而在得知自己得了肝癌的当天，他（她）就把酒戒了。为什么？因为患癌症的消息，使饮酒成了关乎生死的问题，这些事实，这样的理由，已完全充分到足以促使一个人戒酒，乃至立即戒酒。由此可以看出，一个充分的理由背后具有怎样的力量。

尽管人并不总是处在生死攸关的处境中，但人的一生却总会向往着去实现一些对自己非常重要的事。很多时候，你会梦想着获得某些东西，甚至在你的脑海中把美梦成真的圆满结局都构思出来了。但假如你总是把它当作一个梦，而不花时间去思考实现这个梦的理由，那么你很可能不会为这个梦想付诸多少行动。相反，要想实现这个梦想，你很可能需要改变你目前利用时间的方式，你甚至可能需要养成一些新的习惯。

## 有所作为，自我驱动

英国管理学家、作家马克·弗里茨在《做事的真谛》一书中，对梦想及其实现办法，给出忠告：

要为你的梦想去做一些必要的改变，或者养成新的习惯，你需要确定一个足够充分的理由让自己为之采取必要的行动。这个理由必须足够充分，足够有力，足以让你改变自己现有的行事方式，同时加以频繁地实践并重复新的行事方式，进而将由此形成的一些必要的新习惯融入你的日常生活。从上面关于理由的那个癌症患者的例子，我们可以看到理由的力量能够强大到让人立刻改变自己的行为方式。

理由不仅是促使你采取行动、达成所愿的重要因素，同时也是激发你自身创造力的驱动器。你想要获得某物的理由越充分，你对它的关注和思考就越多。而更多的思考会有助于你发现新的、更好的方法达成所愿。

这就是理由背后的强大力量。一个充分而有力的理由能唤起你心中强烈的渴望（无论是有意识的还是下意识的），它使你想去拥有，并采取必要的行动去获取。当你不顾一切要实现这种渴望时，你就会采取必要的行动，不为他事所动摇。这种理由会变得强烈至极，以至于为得到自己想要的东西，你甘愿去做自己厌恶的事情。

有了理由，你的目标就会变得富有说服力，你也会抖擞精神、想方设法去实现它。弗里德里希·尼采（Friedrich Nietzche）说过："只有知道自己'为何'而活的人，才能承受所有'如何'生存的问题。"你可以从许多最为杰出的运动员身上理解这一点。他们都说自己痛恨被迫进行训练，然而相形之下，他们更热爱获胜和成为冠军。获胜并成为冠军这个理由压过了被迫进行训练所带来的那种厌倦感。

要想圆梦或者获得生活中你想获得的其他东西，在你着手做事前，首先得确定你这么做的理由是什么。一个充分而有力的理由能使你积极主动地采取必要行动，日复一日，尽全力去实现你的目标。

人的精力是有限的，有所为就必有所不为，而人与人之间的巨大区别就在于所为所不为的不同取舍。

当代著名学者周国平曾写道：“从理论上说，每一个人的禀赋和能力的基本性质是早已确定的，因此，在这个世界上必定有一种最适合他的事业，一个最适合他的领域。当然，在实践中，他能否找到这个领域，从事这种事业，不免会受客观情势的制约。但是，自己应该有一种自觉，尽量缩短寻找的过程。在人生的一定阶段上，一个人必须知道自己是怎样的人，到底想要什么。世界无限广阔，诱惑永无止境，但属于每一个人的现实可能性终究是有限的。你不妨对一切可能性保持着开放的心态，因为那是人生魅力的源泉，但同时你也要早一些在世界之海上抛下自己的锚，找到最适合自己的领域。老子说：‘不失其所者久。’一个人不论伟大还是平凡，只要他顺应自己的天性，找到了自己真正喜欢做的事，并且一心把自己喜欢做的事做得尽善尽美，他在这世界上就有了牢不可破的家园。于是，他不但会有足够的勇气去承受外界的压力，而且会有足够的清醒来面对形形色色的机会的诱惑。”

# 向善的力量，让你变勇敢

## 向善有正念

在现代社会，职业生涯自始至终都是一个人生命的主要历程、主要组成部分，甚至是衡量一个人价值的主要参考。尤其是当一个人在“人手——人才——人物”漫长之旅中攀登时，职业生涯更是进阶的不二之途。而内心敬业向善，是职场中人很重要的品德。

敬业向善，就要求你对自己的工作充满好感，能用一颗正能量、积极的心去对待自己每天的工作，无论它是镁光灯照射下可以登上媒体头条的大事，还是日常中繁琐杂乱的具体事务；无论你现在是“人手”、“人才”还是“人物”，不论你是大企业的一把手还是初入知名企业的实习生，一旦你决定担当某项工作，你就应该努力成为这项工作的不二人选。

无论你上任的是什么岗位，都应该是你自主的选择。你要在自己的企业中成为“抢手货”，使你的竞争对手的“最优”在你杰出的表现之下都只能是“次优”，让上一级的领导（或大老板）觉得工作岗位非你莫属。这样的杰出表现，你一定能做到——不论你是23岁刚出大学校门的年轻人，还是58岁即将退休的老人。人的志向是没有边界的，人的阅历和经验会随年纪增长而积累，年龄带来的只是体质上的限制。

职业生涯的成功不仅仅是一两次成功的面试，不是几十分钟甚至几分钟的工作汇报时的口头表现，而是自己多年的积累和选择，这些选择是自己在以往的工作中一天一天做出的。

无论是作为“人手”在求职的过程中，是作为“人才”在得到一个岗位努力做出业绩的时候，还是在努力工作求得升迁成为“人物”的奋斗过程中，人总是在不断地做选择，这朝朝夕夕的选择日复一日地累积下来，就会在每一次选择的关键时刻对人产生影响，对工作方法产生影响，对命运也会产生影响。也许此时你是一名应届大学毕业生，正在努力求得自己心仪的职位，无论一线城市北、上、广、深，还是二三线城市，抑或是你远在偏僻乡村的故乡，任何一个地方都可以承载你的梦想和你的善念；也许此时你是一位中层骨干、资深经理人，欲开辟更广阔的产品市场，或在高管层中谋得一席之地，开辟更广阔的人生领域；也许你是自己开公司当老板，正在争取一笔大买卖；也许你是一位销售代表，想努力促成自己的第一笔大单生意；抑或你是在一家公司工作了大半辈子的员工，而公司业绩滑坡、即将倒闭，自己也要失业，每一次的选择都会对你以后的工作产生影响。

2016年，也许是我国自2008年以来，实体经济形势较为低迷的时候，这时候要找工作很难，要丢工作很容易；有工作做业绩很难，把时间精力转投到养生、锻炼上很容易。也许你不会制作完美的简历，也许你没有花言巧语的本领，但你一定要内心敬业，保持一颗向善的心，能在各个岗位上都精益求精，能不为外界环境所扰，保持专心致志。如果你再有破旧立新和鼓舞人心的本事，你的职业生涯就会也许缓慢但不容置疑地向上、向前。

任何渴望成功的人，一开始都需要告诉自己，应该是理智地一步步向上攀登；等这种理智攀登变成习惯，它就会成为你的精神和气质的一部分，成为你精彩职场中最闪光也最核心的部分。

## 善则无畏

心中向善，就会不断地珍惜生活，也愿意去尝试新的事物。当你尝试去做些新的事情，或是经历新的情况时，你会有更好的成长。然而，你在潜意识里往往担心不能第一次就做好、做对。

很少有谁第一次做某事就能做得尽善尽美。一个人有时会刻意避开某些自己有担心的事情，因为他们认为，自己可能无法把事情做好，可能会犯错误。试想一下，假如你总是对自己正在做的事情感到十分轻松的话，你能真正挑战自己，让自己成长吗？

走在“人手”和“人才”前面的“人物”，总是不断地在挑战自己，尝试新事物，试着去做他们以前从未做过的事情。他们知道，当他们朝前迈进，尽全力发挥自身能力、开发自己可以看得见的潜力时，他们就能够进一步强大。同时，他们明白，他们也会一路犯错误，而犯错误不过是尝试新事物、特别是第一次尝试新事物的学习过程的一个阶段罢了。

可以说，“人物”们的目标总是想让自己变得有点“不轻松”。他们相信，假如他们总是在做一些过于轻松的事，那么他们就得不到进一步的成长，而这也会局限他们未来的成功。假如你总是处在轻松的氛围里，你觉得你是在成长么？

你完全适应你现在所在干的事情吗？你是否安逸于目前的相对稳定状态？是不是任由自己害怕某种不适应，以致妨碍了自己去尝试新东西、去开辟新领域呢?

敢不敢给自己定个目标，每周都去尝试一下生活中某一个方面出现的新事物呢？假如你一次把生活中每个方面的新东西都尝试一遍，肯定压力太大，麻烦太多。然而，大多数人几乎任何新东西都不愿尝试，他们似乎总是过着“老套”的生活。

审视一下你现在的生活。你生活中是否存在一些方面，让你感到完全适应并使自己禁锢在框框套套中呢？好好地审视一下那些方面，看看自己避开了哪些让自己“不适应”的成长机会，从这周起就让自己抓住那些机会。记住，稍稍感到不适应正是成长的表现。

“人才”在职场，要想获得工作环境和他人更多的信任，不但要有向善的心念，还要有勇敢、理性的做事习惯。资本雄厚的人，往往是行事高效、思维敏捷的人，极少会是做事优柔寡断、头脑不清、缺乏敏捷的手腕和果断的决策能力的人。

除此以外，还要善于把自己的心念感染到身边的人，把向善又勇敢的心念传递给身边人。日常交往尤其是职场社交中，人的第一印象往往是最深刻的。第一印象好坏与否，首先要看对方是否有一种令人愉悦的态度。无论你心中是否对别人有好意，如果人们从你的脸上看不到一点快乐，那么谁也不会对你产生好感。

行为学家告诫我们，在对别人单方向讲话的时候，我们自己是学不到任何东西的。沟通方式最主要的就是聆听、观察以及吸收。当我们沟通时，我们要用信息来使聆听者获得一些价值，并彼此了解。一个健全的人，在与人交往上应该不会有什么障碍，但在很多时候，不少人在与人打交道时，就因为对某些细节不太注意，而失去了很多机会，是否仔细倾听即是细节之一。

在交际场合，传递善念和勇敢，首先要在与人交往中，学会做一个倾听者。常常表现出对别人的谈话感兴趣，能仔细听懂对方正说的话，并且能及时做出反应，这样做对你自己丝毫无损，而你所表现出的善念，却是造成别人对你形成好的第一印象的关键。

任何事业要成功都需要持之以恒，同样，要获得别人的信任也是如此。良好的态度要一以贯之，千万不能今天扮了一天笑脸，明天难以自制而故态复萌，显出粗俗急躁的本性。一个志向高远、决心坚定的人，做任何事情都会充满信心，有始有终，而不会逢难就逃、半途而废，否则他会停滞在“人才”奔向“人物”的半山腰。

你不能把这个世界让给
你所鄙视的人

我国的传统观念，对“商人”一直存在歧视心理。“工农兵学商”，“商”在最后；要再早一些，“商人”则被视为“社会的蛀虫”，不仅在孔夫子的儒家那里被贬低，在法家韩非子那里也上不了台面。韩非子把“工商之民”和“学者”、“言谈者”、“带剑者”、“患御者”并称“五蠹”，“工商之民”还居“五蠹”之末。“商业”一直被视为与自私、私有财产等密切相关的行为，尤其私营小业主，在一些人眼里就是一个词：无商不奸。但是现在，商人和企业家的形象正在史无前例地提高。

几年前，我出差杭州时，在西湖边上和一位做NGO小有名气并在慈善领域获得许多荣誉的同学闲聊。酣谈所致，彼此分享了许多内心深处的事。我不禁问她：你做XXX项目的根本原因是什么？

她说：做NGO虽然收入少，但有机会到世界许多地方开会、交流、参观、认识很多人，还不用花自己的钱。她反问我：你在企业里这么拼命干吗？

我笑着揶揄道：努力挣钱，希望有钱到世界许多地方开会、交流、参观、认识很多人，同时捐钱捐物给NGO组织的项目。

企业家究竟在这个世界中起什么作用？仅仅以赚取商品差价、追求利润最大化为唯一目的吗？

近代以来，全世界特别是欧美主流社会，对商业、商人和企业家，持积极的正面态度。尤其是基督新教盛行以来，加尔文主义将勤勉、敬业、世俗社会的成功，视为是上帝选民的标志。马克斯·韦伯更是在《新教伦理与资本主义精神》中，对现代企业和商业给予很高的认可。韦伯所谓的资本主义精神，是指个人把努力增加自己的资本并以此为目的活动视为一种尽责尽职的行动，把赚钱本身当作一种目的，当作一种职业责任，被看作是一种美德和能力的表现。韦伯所定义的理想资本主义，跟我们对“企业家”的理解是有相通之处的，即，现代的企业家，是有严格限制的，不是通过抢劫、掠夺等暴力手段获得原始积累，而是以合理地计算收支、有条理地安排生产经营活动为特征的，这种理性的经济行为，是驱动人类社会在20世纪发生惊天动地变化的动力之一。

当代较有影响力的是俄裔美籍女作家安·兰德，她对商业和企业家给予了崇拜的褒扬，比如在其代表作《阿特拉斯耸耸肩》一书中，洋洋近百万字，主题就是高调赞扬开创性的企业家，认为他们是所有社会中最值得欣赏的成员；她还强烈地反对一般人对企业家的怨恨情绪。在《源泉》一书中，她尖锐地提出：

“就现实而言，只有极少数人为捍卫真理而亡，却有千百万人因屈从谬误而亡。”

“每一代人中，只有少数人能完全理解和完全实现人类的才能，而其余的人背叛了它。不过这并不重要。正是这极少数的人将人类推向前进，而且使生命具有了意义。”

“所有的公共项目都是坟墓，不总是外表相似，但总是付出的代价相似。”

“人类一直被教导着去接受这样一种观念——人类最高的美德不是获取，而是给予。然而，如果没有被创造出来的东西，人是无法给予的。创造要先于分配——否则就无物可资分配了。”

而安·兰德最有名的话是：

“不要把这个世界让给你所鄙视的人。”

她鼓励人们投身企业、商业，去做企业的精英，去为社会创造财富，去抓住机会拼搏，绝不退缩、绝不自弃。

庆幸的是，商业明星正成为主流媒体和大众关注的宠儿。

无论打开新浪、网易、腾讯或其他门户网站看信息资讯，还是在网上购物、在线培训、出国读书，或是打开某一款APP客户端，一些企业家成为时代的商业明星，马云、任正非、李彦宏、马化腾、刘强东、柳传志、俞敏洪等等，几乎达到了家喻户晓的程度。

人们关注他们的商业模式，关心他们最新的举动，甚至关心他们的八卦新闻。他们的财富和他们的思维，在大街小巷都可以听到；他们的奋斗史成为年轻人励志的故事。

我们这个世界需要各式各样的企业家——从一线的销售员（人手）到各个行业的中层精英（人才），再到主导一个行业发展的大人物，他们不断探寻问题、解决问题，他们不会沉迷于眼前的小富即安。他们不靠借款度日，而是真正的财富创造者：他们能把1块钱的资本变成2块钱，把2块钱变成10块钱，把10块钱变成100块钱。

堪称“人物”的企业家，不是教出来的。我们比以往任何时候都更需要精英人物、引领行业的企业家。你，要无所畏惧地追求事业的成功，追求合法的财富，做一个能影响他人的人。

# 人物要有社会责任感

社会责任向来都是政客和学者们关心的话题，企业家似乎与“社会责任”不相关。但正如上节所说，企业家是社会财富的创造者之一，他们在社会进步中起着重要的作用，并且有越来越多的人意识到这一点。与此同时，企业家也以越来越积极主动的姿态参与到企业营利之外的公共事务中来。

中国企业家俱乐部创始人刘东华曾说，“社会企业家是这个时代的英雄”。他还认为，在中国，现代意义上的企业几乎都是学自西方，西方几百年的商业文明中，被公认的传统企业价值观是股东利益最大化。没有人反对这样的理念，几乎所有企业追求的都是股东利益最大化。从某种意义上讲这也是欲望最大化，各种世俗追求最大化，这也没错，因为它驱动了几百年来人类历史最蓬勃、最快速的发展。

迈克尔·诺顿（Michael Norton），被称为“欧洲社会创新教父”、“创意机器”。他在2015年商业评论大会上发表了题为《为善从商》的精彩演讲，刊登在《商业评论》2016年1月号。诺顿的观点大意如下：

当下，我们的世界面临着许多严峻挑战。然而，究竟谁应该来承担和应对这样的挑战和责任？我们如何通过商业使社会变得更好？

我觉得，应该由所有人，社会所有组成单元共同携手和政府一道应对这些挑战，找到解决方案。过去解决社会问题的传统方式是依靠NGO（Non-Governmental Organization）这种非政府组织，它们的主要功能就是筹集资金，并将资金用于解决问题。但是，NGO面临两个问题：第一，它所筹集的资金非常有限；第二，很多NGO在处理社会问题时无法做到像商业机构那样有技巧。

在这种情况下，社会型企业（Social Business）应运而生，它可以实现双重目标：一方面作为企业可以获得财务上的收益；另一方面，又可以实现社会功能，解决一些社会问题。然而事实上，要很好地在社会使命同商业利益之间保持平衡很难——除了考虑可能造成的社会影响外，企业还必须思索这种社会影响究竟是正面的还是负面的。

希望所有的企业都能做到“为善从商”。因为只有这样，企业才能实现两方面的平衡：既为社会作出了贡献，同时也使自己的业务变得更加成功。

4周前，我参观了可口可乐公司设在中国的可持续发展中心。可口可乐在企业社会责任方面设定了3个概念：我（客户的福祉）、我们（企业所在社区的福祉）、世界（企业为全世界创造的福祉）。让我们来看看，在企业社会责任领域，可口可乐做了哪些事来解决中国的一些问题。

第一，可口可乐公司开展了一系列传统企业都能参与的社会责任行动，例如：与一些NGO组织（比如WWF）合作，拯救白鳍豚；与壹基金合作帮助中国的教育事业。这些行动属于一般意义的社会责任行动，与可口可乐业务并没有关联。

第二，在大灾难发生的时候，可口可乐能够利用自身的商业能力，迅速为灾区提供清洁饮用水。自2013年推行这个项目以来，已有47个地震灾区，超过67万灾民从中受益。通过与壹基金的合作，可口可乐公司向灾区提供了超过660万桶清洁饮用水，并专门打造了一个清洁水源的品牌，用于筹措社会资金。由于可口可乐公司拥有强大的商业基础和强有力的品牌，它在为灾区服务时，往往比NGO组织更有效，服务成本也更低。

然而，当我们讨论这家公司时，有人问我：你怎么看待可口可乐公司，这是一家好公司吗？我回答说：从很多方面来讲，这是一家好公司，它秉持负责任的态度，在环境保护方面做了很多有益的工作。但是大家可能会忽视一个问题：可口可乐公司出售的可乐是一种含糖量很高的饮料，伴随着可乐在全世界的风靡，导致糖尿病、肥胖等全球性疾病的发生。为了应对这些疾病，可口可乐公司制造了一种含糖量降低了一半的新型饮料“Coca-Cola Life”。

但问题是，可口可乐公司为了保护现有业务，并没有对这款新产品进行过多的市场营销推广，迄今为止，知道这款产品的人并不多。如果可口可乐是一个社会型企业，我们会衡量它付出了多少努力去影响糖尿病和肥胖症的发病比率；如果可口可乐把这些疾病当作一个重大的社会问题来看待，它就应该采取更加积极的态度，鼓励人们降低糖的摄入量，通过提倡健康的生活理念和制造低糖含量的饮料，来倡导新的消费方式，培植新的消费群体，从而利用现有优势，成为这个新市场的领军者。

联合利华是全球非常著名的日化消费品公司，它的产品线非常广泛，从食物到卫生间的手纸都涵盖在内。在企业社会责任实践方面，联合利华将这方面的理念有机融合到了产品的销售和推广中。以卫宝香皂（Lifebuoy）为例，这款产品在非洲卖得很火，因为联合利华在推广中提出：它们出售的不是一块香皂，而是要保持清洁、消除疾病的一种理念。围绕着抗菌祛病，联合利华展开了一系列健康教育和推广活动，不仅让非洲人民对健康生活有了更多的认知，也有效降低了当地疾病的发生率。与其他不重视社会问题的企业相比，联合利华所采取的商业方式不仅有趣，也令人感到欣喜，因为它从中获得了更大的利润。

今年，联合利华宣布成为全球认证的B型企业（Better Business Corporation）中的一员，这说明越来越多的主流商业企业意识到了“为善从商”能够更好地成就商业上的成功，并愿意做出“为善从商”的承诺。

我今天所列举的案例都反映了我的演讲主题——为善从商。在未来，我们需要思索更多为善从商的实际做法，从而更好地造福社会大众；我们还需要分享更多的这一类案例，从而传播这样的理念。更为重要的是，我们自身也应当采取一些实实在在的行动。当我们回顾中国企业过去30年的成功时，我们更应该思考在下一个30年，如何通过“为善从商”让中国企业走向更大的成功。

引用迈克尔·诺顿这篇关于商业、善行和企业家社会责任的演讲，对他表示感谢，他给我国的企业家们一种提示：商业的善行有着特别的意义，企业家可以更积极地参与社会进步。

# 一流的包容心和恒久的耐心

## 与人为善，就是包容心

与人为善就是与己为善，这就是包容心。互敬、互助和互信是一切人际关系的核心，在工作和事业中的各个方面都要做到这些。如果一个人只讲索取、不讲回报，有谁会愿意跟他共事？在我们的身边，总有一些人表现得自私，只关心自己，利用他人以满足自己的私欲。这些人的生命中只有“得”而没有“舍”，他们只在乎自己的利益，从没有想过别人的处境，凡事以自我为中心。

人的才能，往往与德行关联不大。一些有才的人，并不一定品德好。我们在职场中，不乏见到一些青年才俊，凡事以自我为中心，工于算计，善于在单位里搞办公室政治、玩权术或暗中害人，花言巧语地把单位弄得乌烟瘴气。

道德和职业操守在职场中弥足珍贵。在一切职场美德里面，“包容”是其中不可缺少的。对一个人来说，无论目前是“人手”、“人才”，还是“人物”，包容都是他接纳自己、接纳他人的起点。能容人，才能成事。对一个企业来说，当一个企业以真诚正直为荣时，无论是对于顾客、员工、供应商、经理层、股东还是周围的社区，人际关系都会很和谐，在这样的环境中“取”“舍”达到了完美的平衡，没有利益的侵占，大家都从彼此的交换中受益，结果公平，相互都能接受。

包容应该是人的处世哲学，包容的人付出会大于收获，不会恃强凌弱，违背良心。每个人都希望自己有良好的品行从而受到他人尊敬，包容就意味着要从自己所敬重的人身上学习其品行，培养自己所看重的这些品行，并在实际行动中表现出对人的尊敬及对品行的尊崇，这样也就能获得对方的尊重。包容还意味着支持那些愿意支持自己的人。

包容创造了一种平衡，在这种平衡中能发展出良好的人际关系，当人际关系中出现了不尊敬、不信任、不支持和不关心时，平衡就被打破了，关系就会疏远，自己也就不再受到欢迎。

要以包容的心去对待他人，这个主动权掌握在自己的手中，这就意味着要主动表现出尊敬、信任，一有机会就主动帮助和关心他人，不要等着别人先来关心自己。在与新的雇主或同事第一次会面时这一点尤为重要，在会面之前无论听到什么关于对方的风言风语，首先都要从最好的方面去看待对方，表现出自己愿意支持和信任对方，并由此表现出对对方的尊重。

## 时间是最好的打磨石

在人生中我们总会遇到这样的时刻：你的面前仿佛一无所有，你的背后没有退路，最大的危机是你没有任何安全感，以前你所能依靠的一切，包括家人、朋友、自以为豪的能力和学识，都失去了作用。你想要努力，却不知道该向何方努力；你想要求助，却没有人能够帮助你；你不想自暴自弃，但你甚至找不到回头的路。在这种时候，你能做的唯一一件事情就是等待，一边做好各项准备，一边等待着一点点运气。

保持耐心是一种关于时间的美德，如果你拥有这种美德，就不会觉得经过的那些时光被浪费了。五度获得格莱美奖的小提琴大师帕尔曼谈到自己学音乐的秘诀时说：“学得愈慢愈好。学得慢，忘得也慢；学得愈快，忘得愈快。”意大利传统制作小提琴的师傅们，在挑选徒弟的时候，会在一旁仔细观察，选择那些有耐心的年轻人。因为只有那些有耐心的人，才能等待用来制作小提琴的木材彻底干透，而这正是影响小提琴音色的最重要因素。

必须承认，人类的努力比不过时光的沉淀，就像一年一熟的水稻要比一年三熟的水稻好吃一样。某些美好的东西经得住时光的流逝，不仅没有因此而失去光彩，反而越来越光华内敛，展现出自己最美好的本质。现代社会教会我们什么都要快，快学习、快工作、快挣钱，却忘了有时时间是不可替代的打磨石，有了耐心，时间这个最好的打磨石才会帮你焕发出隐藏最深的光彩，才令你有机会改正自己的错误，弥补自己的错误，反思自己的错误。你会发现，越是人才，越需要有包容心和耐心。

某著名跨国公司的一位技术总监离职了。人事主管决定找一位德才兼备的人来接替这个重要的位置。遗憾的是，无论自己前来应聘的人还是猎头推荐的人，在人事主管的考察中都相继被淘汰出局了。

这天，一位博士前来应聘。主管通知他周二下午两点面试。到了周二上午十点，主管打电话通知他面试改到周四下午两点。到了周四，博士提前10分钟到达。主管发了个短信，让博士在前台小会议室等待，但并没有说等到什么时候。博士就这样一直孤零零等到晚上八点钟，主管才来小会议室见他。

考试的题目由主管口述，主管问他：“你会写字吗？”博士说：“会的。”主管拿来一张稿纸说：“请你写一个‘喝水’的‘水’字。”博士写完之后，却没有再被问到其他问题，于是满怀疑惑地问：“就这些题目吗？”主管平静地回答：“是的，考完了！”博士深感奇怪，这是哪家的考试啊？但仍面带微笑地告辞。

第二天，人事主管参加董事会的会议，宣布这个年轻的博士通过了考试，而且是一项相当严格的考试！

他说：“一个年轻人能读了博士，说明他的智商、学识和技术肯定没有问题，所以我只好考更难的部分。”他继续说道，“我首先考他的包容心和协调能力，我临时修改面试时间，从周二改到周四，从下午两点改到晚上八点，他都没有因别的事而推掉面试，还不吃不喝地待了六个小时而毫无怨言，这六个小时他在阅读随身带的一本书，既没有半句怨言，情绪平和，也没有浪费时间。后来我又考他的脾气秉性，看他被饿一顿晚饭，不吃不喝，没有招待，能否不发火，他又做到了！到最后，我考他的谦逊，我考一个堂堂博士连一个小学生都不屑于写的字，他居然也肯写！面试拖到晚上八点，他不急不躁，说明他能妥善安排因意外而打乱的时间计划。面试结束时，他还心平气和微笑着跟我告别。一个人已有了博士的才学技能，又有牺牲的精神、忍耐、好脾气、谦虚，能平和地应对随时出现的意外，并且他包容心极好，对我的几次无理都一笑而过，这样德才兼备的人我们还有什么好挑剔的呢？我建议录用这个人！”

这位人事主管看人的角度独到而准确，他看的不仅是一个人的知识和水平，还有一个人的牺牲精神、忍耐力、谦逊的品质。所有这一切加起来是什么？是一流的包容心和耐心。

# ANSWER

## 不是答案的答案

### 人物最需要领导力

“人物”最大的魅力和能力体现在哪里呢？想一想你们集团的总裁，想一想那些经常在媒体头条出现的企业家、政治家，他们身上共同的、共通的那种吸引人的特质是什么？当然是领导力。

通用汽车副总裁马克·赫根（Mark Hogan）说：“记住，是人使事情发生。世界上最好的计划，如果没有人去执行，那它就没有任何意义。我努力让最聪明、最有创造性的人们在我周围。我的目标是永远为那些最优秀、最有天才的人创造他们想要的工作环境。如果你尊敬人们并且永远保持你的诺言，你将会是一个领导者，不管你在公司的位置高低。”

美国前国务卿基辛格（Henry Kissenger）博士说：“领导就是要让他的人们，从他们现在的地方，带领他们去还没有去过的地方。”

什么是领导力呢？MBA智库百科对“领导力”的定义是：

领导力（Leadership Challenge）可以被形容为一系列行为的组合，而这些行为将会激励人们跟随领导去要去的地方，而不是简单的服从。根据领导力的定义，我们会看到它存在于我们周围，在管理层，在课堂，在球场，在政府，在军队，在上市跨国公司，在小公司直到一个小家庭，我们可以在各个层次，各个领域看到领导力，它是我们做好每一件事的核心。一个头衔或职务不能自动创造一个领导。

领导力的另一种解释是：所谓领导力，就是一种特殊的人际影响力，组织中的每一个人都会去影响他人，也要接受他人的影响，因此每个员工都具有潜在的和现实的领导力。在组织中，领导者和成员共同推动着团队向着既定的目标前进，从而构成一个有机的系统，在系统内部具有以下几个要素：领导者的个性特征和领导艺术，员工的主观能动性，领导者与员工之间的积极互动，组织目标的制定以及实现的过程。

领导的艺术有很多种，有野牛的，也有大雁的。

一个野牛群，无论有多少头牛，大家只会绝对忠诚于领头的那头牛，其他牛都完全跟随那头位居领导地位的野牛。它做什么，其他同伴就做什么；它去哪里，其他同伴也去哪里。在许多公司中，总裁的角色就像是那头位居领导地位的野牛首领。如果想猎杀野牛群，只要先杀死那头野牛首领即可，因为其他野牛都会站在原地发愣，即使被抓走屠杀也不知采取行动。

雁群和野牛群不一样。我们可以看到雁群以“人”字形编队飞行，其中领头雁是不时更替的，雁群中不同的雁轮流掌握领航权。每只雁不论同伴们飞往何处，都能负责行动中的某一部分，依情势所需而变换角色，随时可以成为带头者或跟随者。当任务转换时，雁群们即调整整个任务结构以适应新情况，无论是以“人”字形飞行，还是以波浪形着陆，每只雁都会经历担任领袖之职。少了哪只雁，雁群照飞不误。

你要了解自己所处的企业是野牛群还是大雁群。在了解风格以后，再因地制宜地调整自己的行为，培养自己最该具有的能力。

“人物”们身上所闪现的迷人的领导力，可以分为两个层面：一是组织的领导力，即组织作为一个整体，对其他组织和个人的影响力。这个层面的领导力涉及组织的文化、战略及执行力等。二是个体领导力，对于企业来讲，就是企业各级管理者和领导者的领导力。

从“人才”到“人物”，个人能力的提高，关键就在于领导力的提高。如何突破和提升领导力，如何由一个领导自己的人（“人手”）成为一个领导他人的人（“人才”），再成为一个卓越的领导者（“人物”），这条职场进阶之旅，终于又看到更高一层的楼宇了。

第七章

# 最大的竞争是人与人之间的竞争

# QUESTION

# 职场第七问

## 你为什么要成为人物?

从人手到人才，从人才到人物，我们一路讲了很多成长的旅程、成长的艰辛和成长的光荣，但似乎有一个最大的问题我们还没有仔细思考，似乎一开始就把这个问题遗忘了。那就是：你为什么要成为人才、成为人物，你为什么要成长？在很多人看来，这似乎是一个不是问题的问题。为什么要成长？因为不成长不行啊，因为社会的发展在逼迫我们成长，因为父母在期望我们成长，不成长就会被这个飞速发展的时代抛在脑后……这些就是答案的全部了吗？我们拼命向上的所有就是为了这些吗？是不是还不够？是不是有些什么东西已经在我们向上攀爬的过程中遗失了？当你夜里加完班，拖着疲惫的身体等公交车，是否还能想起当初的豪情万丈、壮志满怀？

不忘初心，方得始终。我虽然现在还称不上老，但是面对单位新进来的年轻人，也不禁羡慕他们身上的活力。我相信大多数年轻人走出校门、走进职场之后，都怀着或大或小的梦想，也许是让家人过上更好的生活，也许是和男朋友/女朋友构筑一个爱的小巢，也许是在陌生的城市打拼出一片天空……虽然不一定每个梦想都会实现，但每一个梦想都应该受到尊重，每一个拥有梦想的人都应该受到尊重，每一个梦想都不应该被遗忘。

我们这个时代是一个伟大的时代，每个人都有奋斗向上的权利。当我们从青涩的职场新人变成熟练的老手，当我们从被领导者变成领导者，当我们从人手变成人才，从人才变成人物，我们不应该忘记自己最初的梦想。也许那个梦想十分卑微，卑微得现在我们已经羞于提起；也许那个梦想从未实现，就像大学宿舍挂在墙上的从未弹过的吉他。没关系，梦想的价值不在于是否实现，而是在午夜梦回的时候，提醒我们是否走得太远，已经忘了当初出发的目标。

在这个飞速发展的时代，人们一边狂奔，一边丢掉了很多东西。但我不希望进入职场的年轻人只为了自己成为人物而奋斗，却忘记了自己为什么要成为人物。能力越大，责任越大，当你每向上一步，你会拥有更广阔的视野，看得更远，你也会有更大的责任。无论到任何时候，不要忘记自己目前拥有的能力不仅仅来自于自己的个人奋斗，所以这种能力也应该为更多的人、更大的目标服务。如果你能体会到这一点，那么对你的成长无疑是很有好处的。

# 中国最大的外国文学出版机构“解散”的启示

2016年的春天，一条“中国最大的外国文学出版机构解散了”的消息刷遍了我的朋友圈，由于我对标题党已经有了充分的免疫力，所以第一次我并没有点开看，但是这条消息不停地刷屏，我最终还是屈服了。

原来这是一条中国出版界重量级选手“新经典”重组的消息。“新经典”在业内的地位毋庸置疑，很多外国著名作家的版权都由他们在中国运作，其中马尔克斯、奈保尔、村上春树、川端康成、黑柳彻子、艾丽丝·门罗、东野圭吾等等，无一不是如雷贯耳的名字。而这一次，新经典外国文学事业部解散了，转而成立了独立核算、自负盈亏的独立品牌工作室。每一个独立品牌工作室都运作图书策划出版的全部流程，自主决定选题、营销、发行等事宜，同时自负盈亏。这给了编辑很大的压力，但是也给了编辑很大的自由。

应该说“新经典”的大手笔还是给我很大震撼。应该说组建工作室（或者说独立编辑室，意思都差不多）这件事情我见过不少，有的是民营出版公司，有的是老牌出版社，但结果并不大如人意。我想其中很重要的一点就是：到底是真自由，还是假自由。所谓独立工作室，我理解有两个“自”最为重要，一是自负盈亏，一是独立自主。没有独立自主，就谈不上自负盈亏。一个出版社最重要的是选题，选题是立社之本，我们很多出版社一般都采取选题会论证的方式，来决定一个选题是否进行操作。老实说，这是一种没有办法的办法，起到的最重要作用倒不是论证选题，而是分散论证责任。一个选题，无疑应该是策划编辑最为了解的，反观我们很多领导，知识水平和结构，很难说跟得上时代的发展潮流，更不用提超越时代进行前瞻。在论证会上，大家对潜在读者往往是一种想象而不是论证。同为文化产业，电影的统计数据要比出版业做得好得多。根据调查显示，电影消费的最大主力人群，是25岁以上、已经参加工作、有一定消费能力的人，而且大量集中在一二线城市。从中我们可以简单勾勒出主力观影人群形象。我想这部分人群同样也是图书的主力消费者。对这一部分图书的主力消费者，我们的出版业者到底有多少了解，值得打上一个大大的问号。同时在今天电商大发展的情况下，出版业同时受制于传统的渠道和电商渠道，往往不是在为读者做书，而是在为渠道做书。在这种情况下，论证会的意义还有多大也就可想而知了。

当然我也知道，领导也有领导的顾虑，经济上的风险必须加以考量，特别是国营出版社还涉及国有资产流失的问题。“新经典”成立独立工作室的编辑，已经在市场上充分证明过自己的能力，这方面的顾虑可能轻一些。但这不是不加变革的理由，既然在同一个市场上竞争，那就要遵循一样的市场法则。我想，不管是老牌出版社还是出版的新军，都应该对市场有所敬畏，对读者有所尊重，对从业者有所期待。我的想法是：如果不能做到完全的独立自主，那么也不必强求实现所谓的“自负盈亏”，因为独立自主和自负盈亏本身就是相互依存的关系。如何调动从业人员的积极性、主动性是各个行业都面临的难题，那方式无非就是物质奖励和精神鼓励两种。出版业的情况特殊，这个行业的利润十分微薄，甚至可以用处境艰难来形容；采取精神鼓励的办法也很难，出版业的从业者至少有一点对文化理想的追求，换句话说就是很难被“洗脑”，更何况现在很多人连尊重出版者的专业精神都做不到，谈何精神上的引领和鼓励？

谈了这么多感慨，我想说的是，“中国最大的外国文学出版机构解散了”这条消息给我的最大启示就是：变革是永不休止的。包括出版业在内的任何行业如果不主动变革，将会为自身的迟钝付出代价。

# 全产业链运作脱颖而出

近几年时间，中国电影的票房正在不断飞速增长。2015年，中国电影的年度总票房达到了440.69亿元，相比2014年，涨幅达到48.7%，是近几年来最大的票房涨幅。电影业界一片繁荣景象，大量资本纷纷入场，想要从中分一杯羹。2015年全国新增银幕达到8035块，平均每天都新增22块电影银幕，全国银幕总数已达31627块。在这种情况下，很多原来的院线公司，也在逐渐向上下游延伸，进行电影全产业链布局。例如万达集团，本来在国内院线中就极具优势，又成立了万达影视传媒有限公司，开展影视投资、制作、发行、放映及后产品等全产业链业务。万达影视传媒有限公司投资了《夏洛特烦恼》《寻龙诀》《智取威虎山》《一步之遥》等多部重量级的作品，对中国电影市场产生了重大影响力。

从处于文化产业尖端的电影业可以看出，全产业链运作是一种趋势，能够提高生产的效率，因此在很多文化产业中，都有企业谋求全产业链布局。2008年9月18日,经中国证监会正式批复核准，安徽出版集团以其所持有的出版、印刷等文化传媒类资产，认购科大创新定向发行股份，成为上市公司第一大股东，在全国率先以出版业务整体上市。现在来看出版企业上市并不算什么非常爆炸性的消息，但是在七八年前，这种举动对整个市场具有相当的颠覆性。时代出版的上市对出版业来说就像点燃了引信，一下子点燃了路灯，接下来在时代出版的带动下，或者说逼迫下，几乎国内所有出版集团都开始上市了，或者都开始筹备上市了，上市一下子成为国内出版企业迅速做大做强的一条必经之路。出版业第一家主业整体上市为什么是安徽时代出版呢？当时的安徽出版，在全国来说，在出版业务上并不占优势。但是时代出版在其他方面却有自己的突出优势。

当时国家可以说十分鼓励文化企业上市，推出了不少的优惠政策，希望通过上市把出版企业做大做强。可惜很多出版社虽有上市的打算，但因为改制并不彻底，整体企业化程度达不到上市的要求。当时任安徽出版集团总裁的王亚非说：“我们上市也是巧合。2008年科大创新想卖壳时，我们具备了所有无瑕疵条件。所有法律问题在2007年前全部处理完毕，无改制纠纷，无人员社会保障问题，无财务瑕疵，所有报表都是清清楚楚，每家重新注资企业都在两千万元以上，且具备强大的对外合作实力。”他还补充说：“那时（我）其实不是准备上市，我是准备塑造一个好的市场化企业来运营。正好机会来了，他们要选一家国有大型、从事文化和教育、改制完毕的企业，我们三条全符合。”可以说，时代出版的上市，集合了天时地利人和的有利条件。而上市这一步好棋，又为之后的全产业链运营打下了坚实的基础。

2015年，安徽出版集团整合安徽少年儿童出版社和时代漫游为“时代少儿”。在时代少儿的挂牌仪式上，安徽出版集团有限责任公司新任董事长王民强调，“重塑企业边界才能促进企业不断发展壮大”。王民说，成立时代少儿的出发点，是推进传统出版与新兴媒体的融合发展，做大做强出版主业；同时将做好市场细分，整合幼教资源，提供幼儿教育的整体方案及幼儿教育所需要的全部服务内容。时代少儿的成立既可以通过集团的构架和品牌优势，全面布局少儿文化创意产业，打造“少儿文化创意产业”核心增长极，还可以集中资本进行股权投资、参股并购，从而以资本的力量撬动产业市场。

时代出版总经理田海明也明确表示，时代少儿要把优质的内容资源进行深度开发，进一步塑造品牌，提升影响；要加快业态重组，产业融合，实现传统业态的转型升级，将时代少儿打造成国内第一家融合发展的全媒体、全产业链的少儿文化产业集团。

成立“时代少儿”这一举动，是要优质资源高效互补地整合起来，在扩大传统出版的同时，谋求拥抱新媒体时代。前中国出版工作者协会副主席海飞评价“时代少儿”的成立：“不仅将助力时代出版转型升级，也将重新划分全国少儿出版的版图和格局。”出版业务仍然是时代少儿的核心业务，但如果仅仅有出版这个核心业务，那也没有必要成立时代少儿了。在全产业链运作的今天，成立时代少儿，是为了从少儿领域的单一产品转变为组合产品发展，从组合产品转变为少儿全产业链发展，从少儿全产业链转变为少儿产业群跨越式发展。在这样一种大格局下，时代少儿将立足安徽，辐射京沪，力争将少儿产业发展到海外去，以“走出去”的形式，扩大发展。要做到这一点，必须“要加大兼并重组的力度，善于合并同类项”，大力推进传统出版与新媒体新业态融合发展。

时代出版的上市和时代少儿的成立，可以给我们很大的启示。实际上，全产业链运作的道理谁都能懂，但是到底如何做，是一个大问题。全产业链并不是灵丹妙药，可以治疗企业的一切问题，但是它给我们最大的启示就是，扩展了我们思考问题的角度和方式，让我们用和以往不同的模式来思考自己的工作、自己所在的产业。

在全产业链运作的时候，你必须摆脱原有职场角色对你的束缚，将你观察的角度延伸到上下游去，更深刻地体会你在整个产业链中的位置。这种视角的转换我相信对一个人的锻炼价值非常大。如果你真这样做了，就会想明白很多以前不知道答案的问题：为什么老板不让我这样做？为什么这么好的项目老板不支持，还说条件不成熟？为什么那个人看上去没比我强多少，老板还让他负责那么重要的工作？

全产业链运作可以让一个人在更高的层次统观全局，你会发现很多以前看不到的东西，明白很多以前不明白的道理。

# 从现在开始修理屋顶

马云是我很欣赏的一位企业家，不仅因为他建立了阿里巴巴的商业帝国，同时也因为他对企业的管理和经营、对经济的发展有很多独到的见解和理念。这些见解和理念我觉得每一个职场中人都应该好好地学习。其中一个重要的概念就是“从现在开始修理屋顶”。

马云讲过一则寓言：

> 三个人正好遇上暴风雨，一个人有雨衣、一个人有雨伞，还有一个人既没雨衣又没雨伞。有雨衣和雨伞的人仗着有装备，就冒着暴风雨继续行走，结果两个人都受伤了。而什么都没有的那个人，只是想办法找个地方躲雨，等雨停了再继续出发，结果反而是那两个带雨具的人更晚到达目的地。这个寓言告诉我们，遇到经济形势不好的时候，大家要沉着冷静。企业家和经济学家的区别在于，说道理很容易，但动手做起来就是另一回事了，所以企业家要学会理性和感性结合起来考虑问题。

从这则寓言中我们能得到什么启示呢？一个人也好，一个企业也好，一个行业也好，必须要未雨绸缪，防患于未然。

一个企业就像一间房子，会遭遇各种各样的天气，有好天气也有坏天气，有阳光明媚也有暴风骤雨，当然也有雾霾天气。房子住时间长了也会有破损，不能不修理，应该选择什么样的时候进行修理呢？马云的答案与众不同，他认为，修理屋顶应该在阳光明媚的日子里进行，这时候各种条件都很适合，对这间房子的影响也最小。为什么呢？阳光明媚的日子对企业来说就是发展迅速、营销收入不断增长的时候，公司从上到下都处于一种积极向上的气氛中。这样的时候，马云认为恰恰是压力最大的时候。他是一个从繁荣中看到危机的人，每次阿里巴巴发展迅猛的时候，他的内心压力都很大，觉得应该对企业主动动手改革，免得到经济形势不好的时候再想动手就来不及了。出于这种自觉，马云对企业发展中失败、受挫折的案例十分感兴趣，认为这样的案例比企业成功的案例更具思考借鉴的价值。他通过对这些案例的分析发现，很多企业都经历过残酷的失败，有的甚至失败过很多次，这些企业占成功企业的大多数。一个企业，在阳光明媚的日子里没有及时修补自己的房子，没有主动对自己下手，到了狂风暴雨的时候，就更加困难，那就要等市场对你下手了。马云一句话说得好："改革是不可能在好的时候进行的，改革是被逼出来的，创新也是被逼出来的。"

一个企业要从现在开始修理屋顶，一个人也同样如此。之前我们提过在经济形势不好的时候教育培训火热的事情，也说过不要等到那种时候再去提升自己，必须学会未雨绸缪，在别人贪婪的时候恐惧。

从现在开始修理你的屋顶，这使你在阳光明媚的时候不能和朋友一起去郊游，但等到暴风雨来临的时候你就会从中受益匪浅。特别是刚入职场的新人，你们手上的资源并不丰富，可以用来抵御职场风险的资源也很少，在这种情况下，必须在手头资源比较丰富的情况下，努力完善自己，将资源用到刀刃上。古语有云："民三年耕而余一年之食，九年而余三年之食，三十岁而民有十年之蓄。故禹水八年，汤旱七年，甚也野无青草，而民无饥色，道无乞人。"古代农民十分重视储备，是因为生产力低下，抵抗自然灾害的能力十分脆弱。实际上，现在大部分职场人抵御职场变动的能力并不见得比过去一家一户的农民强多少，而这些人往往还认识不到这一点。我希望他们听一听马云的话：从现在开始修理屋顶。不管是阳光明媚的日子，还是雾霾肆虐的日子，你依然可以开始修理自己的屋顶，甚至还能根据自己的心思，将屋顶修得更为个性化，更有自己的特色。到那时候，你往人物的目标就又近了一步。

## 人手、人才、人物都要
## 努力争取自己的权利

在职场上，无论是男人还是女人，无论是职场新人还是老手，都会面临自己合法权利被漠视的问题。这个问题存在如此普遍，以至于很多人对它视而不见。我认为对这个问题的处理，实际上关系到你的成长，看一个人如何争取、维护自己的权利，也就能预估出他在工作中的表现，因为一个人经常要为自己的项目争取资源，要为自己领导的部门争取权利，要为自己的公司争取利益。不要以为自己成了人才或者人物就不需要为自己的权利而斗争，那是不可能的。

詹妮弗·劳伦斯，被中国影迷昵称为“大表姐”，她曾以电影《冬天的骨头》中芮·多利一角，获得第83届奥斯卡金像奖最佳女主角提名，当时她年仅20岁，是提名奥斯卡最佳女演员中第三年轻的。两年之后，她以《乌云背后的幸福线》中蒂凡妮一角获得第70届金球奖最佳女主角奖，第85届奥斯卡最佳女主角奖。只有22岁的她只比最年轻的奥斯卡影后玛丽·玛特琳大一点。她还主演了《饥饿游戏》这样的大卖影片。可以说，詹妮弗·劳伦斯是当前好莱坞炙手可热的影星。即使如此，她还是遭遇了不公正的待遇：她比自己的“男同事”们的报酬低了不少，尽管某种意义上她对票房的贡献更大，至少也与那些男明星相当。

经过一番调查，她惊奇地发现自己的遭遇不是一个个别现象。根据美国白宫发布的数据，全美全职女性所得的报酬只相当于做同样工作的男同事的78%。看到这个数字，詹妮弗·劳伦斯有点哭笑不得的感觉。2013年，她参演了电影《美国骗局》，结果片酬也是男主演的78%。詹妮弗·劳伦斯感到不能沉默下去了，她通过写文章的方式表明自己的态度。她在文章中表达了自己的气愤，也让我们知道了事件的来龙去脉。

《美国骗局》这部影片是索尼公司投资拍摄的。后来索尼公司的电脑被黑客黑了，流出了不少资料，其中有一封电子邮件是关于《美国骗局》的演员片酬的。从这封不慎泄密邮件中可以得知，詹妮弗·劳伦斯比参演影片的布拉德利·库珀和克里斯蒂安·贝尔得到的片酬都要低。这两位男演员每人可以拿到9%的电影票房分成，而詹妮弗·劳伦斯只能得到7%，比前者低了两个百分点，这可不是一笔小钱。

詹妮弗·劳伦斯对此感到很气愤，她形容那些男演员是“带把儿的幸运儿”，但她主要是气自己为什么当初没有更勇敢地去争取自己的权利，去和索尼公司针锋相对地谈判。她觉得自己的主要问题是顾虑太多了，怕这种行为受到更多的负面批评。应该说，大部分职业女性都有詹妮弗·劳伦斯这样的顾虑。很多人为了让别人“高兴”，没有多少坚持就“主动”放弃了自己的权利。她们害怕别人评价自己：那个人很难说话，诸如此类。可是男人就很少想到这种问题，不得不说，他们总体上更注重维护自己的权利。有一项研究表明，工商管理硕士毕业生范围内，提出增加薪水的男人是女人的八倍。

詹妮弗·劳伦斯认为在权利问题上，自己是一个失败的谈判者，她当时还有《饥饿游戏》和《X战警》两部系列电影的邀请，所以不想在这件事情上消耗太多精力，而且她也不太看重片酬。但是过早地放弃，最后还是让她对自己感到愤怒，她决心以后绝不这样做了。她说，既然男演员从不注意别人的看法，那她也不需要过分关注。

詹妮弗·劳伦斯不仅会写文章阐述自己的观点，勇敢地提出自己的主张，而且用实际行动作出了自己的回应：她要求在她下一部索尼出品的电影

《乘客》中，自己的片酬必须是男主演克里斯·帕拉特的两倍才行，那个数字将达到2000万美元。为此她不介意被人扣上许多帽子：难以相处、贪财等等。她已经用实际行动表明自己不会被舆论压倒，而是要坚定地维护自己的权利。不能不说，干得漂亮，大表姐!

# 人才的“供给侧改革”

“供给侧改革”是最近一段时间十分火爆的概念，也是一个值得深思的命题。所谓“供给侧改革”，通俗地说，就是对经济进行结构性的改革，让供给的体系更加适应需求的变化。人才的“供给侧改革”则是针对市场上对需求的不断变化，提供更加优质的人才，通过提高质量，来增加人才对发展的推动力。供给侧改革可以有很多种解读的角度，因为我们这个时代是以前所未有的速度不断变化的，因此我们的人才也应该呈现出前所未有的多样性才对，但实际上，以我的职场经验来看，并不是如此，职场上的人才类型只有基本的几种。很多人刚进入职场的时候是富有个性的，但进入职场不久，就被原有的职场文化同化了。如何维护自己的独特精神，是人才供给侧改革给我们的第一个启示。

人才供给侧改革给我的第二个启示是：在不断的变化之中，有恒久不变的东西。很多负责招聘的人向我抱怨：现在市场变化得太快了，搞得他们也不知道应该以什么样的标准来选择人才，以什么样的条件来要求人才。这个时候我总是对他们说：如果你实在想不清楚，就想一想自己希望和什么样的人做同事。这种要求无关专业技能，实际上能到面试阶段的应试者，都具备一定的专业技能和知识，履历也不会太差。在这种前提下，精神层面的东西反而浮现出来，成为更重要的考量标准。在这个全球化激烈竞争的时代，我们吃惊地发现善良、诚恳、专一、自信等等品德依然保持着强大的生命力，而且和商业上的成功并不冲突。

被人们称为“全球第一CEO”的美国通用电气公司前首席执行官杰克·韦尔奇，小时候并不是一个很突出的人，但是凡是见过韦尔奇的人都说，他身上有一种强大的力量影响着别人。韦式成功定律可以有千种分析方式，但是万法一源，他的成功与大多数成功者一样，小时候就被母亲训练得精神强大，也因此，在和别人一起竞争的时候，韦尔奇总是显示出与众不同。

韦尔奇从小就患有口吃症。说话口齿不清，因此经常闹笑话。韦尔奇的母亲想方设法将儿子这个缺陷转变为一种激励。她常对韦尔奇说："这是因为你太聪明，没有任何一个人的舌头可以跟得上你这样聪明的脑袋。"于是从小到大，韦尔奇从未对自己的口吃有过丝毫的忧虑。因为他从心底相信母亲的话：他的大脑比别人的舌头转得快。在母亲的鼓励下，口吃的毛病并没有阻碍韦尔奇学业与事业的发展。而且注意到他这个弱点的人大都对他产生了某种敬意，因为他竟能克服这个缺陷，在商界出类拔萃。美国全国广播公司新闻部总裁迈克尔就对韦尔奇十敬佩，他甚至开玩笑说："杰克真有力量，真有效率，我恨不得自己也口吃。"

韦尔奇的个子不高，却从小酷爱体育运动。小时候，他经常头戴球帽，手拿球棒与棒球，全副武装地走到自家后院。"我是世上最伟大的打击手。"他满怀自信地说完后，便将球往空中一扔，然后用力挥棒，却没打中。他毫不气馁，继续将球拾起，又往空中一扔，然后大喊一声："我是最厉害的打击手。"他再次挥棒，可惜仍是落空。他愣了半晌，然后仔仔细细地将球棒与棒球检查了一番。之后他又试了三次，这次他仍告诉自己："我是最杰出的打击手。"然而他这一次的尝试还是挥棒落空。这时候，突然听到妈妈的赞美声："哇！你真是一流的投手！"韦尔奇听后信心大增，也觉得自己是了不起的一流投手。这项运动，他热爱了整整一生。

读小学的时候，他想报名参加校球队，当他把这想法告诉母亲时，母亲便鼓励他说："你想做什么就尽管去做好了，你一定会成功的！"于是，韦尔奇参加了球队。当时，他的个头几乎只有其他队员的四分之三。然而，由于充满自信，韦尔奇对此始终都没有丝毫的觉察，以至几十年后，当他翻看自己青少年时代在运动队与其他队友的合影时，才惊奇地发现自己几乎一直是整个球队中体力最弱的一个。

青少年时代在学校运动队的经历对韦尔奇的成长很重要。他认为自己的才能是在球场上被培训出来的。他说："我们所经历的一切都会成为我们信心建立的基石。"在整个学生时代，韦尔奇的母亲都始终是他最热情的拉拉队队长。所有亲戚、朋友和邻居几乎都听过一个韦尔奇母亲告诉他们的关于她儿子的故事，而且在每一个故事的结尾，她都会说，她为自己的儿子感到骄傲。

因此，韦尔奇一直认为自己是优秀的，是可以影响他人的，青少年时期的韦尔奇尽管拥有生理缺陷，但是他却依然坚信自己是可以影响别人的。

在培养儿子自信心的同时，韦尔奇的母亲还告诉韦尔奇，人生是一次没有终点的奋斗历程，你要充满自信，无须对一时的得失成败过于在意。正是这样的意识，使韦尔奇在成长经历中，一直保持着健康、快乐、积极的态度，这对他日后的成功起了关键的作用。

韦尔奇的成功可以告诉我们一个道理，不管这世界对人才的要求如何变化，对人才精神力量和自信的要求却不曾变过，今天当我们不断探讨人才供给侧改革的时候，不要忘记变中有变，变中有不变。

# ANSWER

## 不是答案的答案

### 在你改变世界之前，必须意识到自己也是世界的一部分

1960年9月26日，全美国有7千万人——当时三分之二的美国成年人，坐在电视机前，观看一场辩论。这是历史上第一次美国总统电视辩论会，全美各大电视网都做了转播，在芝加哥的CBS演播室里，约翰·F. 肯尼迪和他的对手理查德·米尔豪斯·尼克松面对面展开了较量。

在此之前，在选举中占上风的是尼克松，处于劣势的肯尼迪提出进行全国性电视辩论。虽然此前艾森豪威尔曾劝尼克松不要同肯尼迪辩论，但是狡猾的狄克（尼克松在美国政坛有这一诨号）极为自信，以为击败来自马萨诸塞州的年轻新贵顺理成章，结果证明这是尼克松政治生涯中最大的失算之一。

那一天，7千万电视观众都看到了什么呢？满面红光的肯尼迪和面色苍白的尼克松。肯尼迪精神焕发，显得生气勃勃、落落大方。而尼克松由于膝盖严重受伤住院两周，不仅体重减轻，让本来很合体的衬衣领子大了半个号码，更显出一副无精打采的病态。尼克松形容憔悴，至少部分原因是他不听自己电视顾问的劝告，没有化妆就在摄像机前露脸。当他与皮肤晒成棕褐色、样子很健康的肯尼迪站在一起拍照的时候，尼克松那苍白的皮肤出卖了自己。

除此之外，尼克松还坐立不安，汗流浃背，他那小而圆的眼睛不时紧张地扫视四周，脸上的剃须粉被汗水冲出隐约的沟痕。在浅灰色的舞台背景灯光下，尼克松那身浅灰色西服让他淡化成了一个模糊的人影，而肯尼迪的深色西服却在光线反差中显得十分欢快。

这场自林肯和道格拉斯以来最有历史意义的辩论产生了空前的影响。连肯尼迪本人事后也承认，如果没有电视辩论就没有他选举的胜利。大选结果，肯尼迪赢得26个州，尼克松赢得22个州，肯尼迪只比尼克松多不到12万张选票。这是美国历史上票数最接近的总统选举之一。

尼克松究竟输在了什么地方？脸色、衬衣、剃须粉还是西装？都不是，当两个人一碰面，肯尼迪就表现出了压倒性的优势，让对方弱化、后退甚至萎缩。在尼克松—肯尼迪这组对抗中，在CBS演播室里这个不大的地方中，在全国7千万电视观众组成的超大型剧场中，占据主导地位的、说了算的只有肯尼迪自己。他引导着大家的情绪，引起共鸣，产生共振，交流着彼此之间的能量和信息，即使只有一个人，肯尼迪却能调动千万人为自己所用。尼克松呢？他在错误的地点采取错误的策略，导致自己的能力不仅不能很好地发挥出来，而且还打了折扣。面对肯尼迪，尼克松就像一个回答不出问题的坏学生，让胜利的天平轻而易举地向对方倾斜。

就拿总统候选人电视辩论中的胜利者约翰·F. 肯尼迪来说，他的攀升实践之路远比一般人想象中的艰辛。肯尼迪家族是美国的名门望族，肯尼迪的父亲老肯尼迪曾出任美国驻英国大使，但是肯尼迪从降生以后，就是在不断的奋斗中度过的。三岁生日前三天，肯尼迪得了恶性猩红热。1930年秋天，他患上了爱迪生氏症，即原发性肾上腺功能不足，这种疾病使他的内分泌发生紊乱，免疫力降低，让他一生都受到困扰。肯尼迪并未因疾病而自怜自艾，而是一边通过药物控制病情，一边坚持学习。与病痛斗争的过程，是肯尼迪成长的重要助力，在这种无时无刻不在进行的实践中，他将先天的劣势转化为自己的独特力量来源。而肯尼迪参加总统选举之前最重要的活动就是参加第二次世界大战。

1940年秋季，肯尼迪成为第一批加入美国陆军的青年，后来为了到第一线作战，他又主动要求从和平的巴拿马调到美国和日本正在激烈交战的所罗门群岛。1943年8月2日，肯尼迪的船参加了一次拦截日本船队的夜间攻击。在战斗中，肯尼迪任船长的PT-109艇被日本驱逐舰撞成两截后沉没，船上两人丧生，十一人落水。这是肯尼迪军旅生涯中遇到的最大危机。

在这种危急关头，肯尼迪展现自我强大的能力，迅速稳定了大家的情绪，和其他五个人一起抓住漂浮在水上的船体残骸，并将另外五名幸存者救回到鱼雷艇残骸上。船上的一位工程师被严重烧伤，肯尼迪不得不使劲拽着他，不让海流将他远远冲走。在漂浮了9个小时之后，肯尼迪和战友们唯一依靠的鱼雷艇残骸开始下沉。面对这一沉重的打击，肯尼迪没有屈服，他用牙咬着受伤战友的救生衣带子游泳，一直游了5个小时，终于遇到了一块小岛。精疲力竭的人们瘫倒在海滩上。这时，已经连续36个小时没有休息的肯尼迪展现了他精神最强韧的方面。他决定不在小岛上消极等待，而是只身立刻出发去拦截船只。由于没有一艘船经过这里，他只能不时再游回小岛。直到8月8日，在沉船之后，经过整整七天的艰难挣扎，在肯尼迪和他战友的努力下，他们全都获救了！

这一事件既是肯尼迪的绝佳展现——他表现出的一个军人、一个男子汉的勇气和决心，同时也是他的关键一役。在这炼狱般的七天里，肯尼迪获得的不仅是各大报纸的争相报道，以及各种各样的奖章和勋章，还有一种无比宝贵的经验——经过实践检验自己，进一步强化自己的经验。如果没有这决定性的生死实践，肯尼迪可能只是一个躺在父辈功劳簿上的世家子弟，他可能安安稳稳地度过一生，但绝不可能领导一个国家，一个世界上最强大的国家。

在你改变世界之前，必须意识到自己也是世界的一部分，认识到你自己是谁，你对这个世界有何责任。约翰·F. 肯尼迪是谁？是美国历史上最年轻的总统，是美国驻英国大使老肯尼迪的儿子，同样也是第二次世界大战中顽强的战士。你呢？你是谁？当你找到这个问题的答案时，我相信你已经站在了职场的巅峰。

# 读畅销书，赢取实习、工作机会申请表

| 姓名： | 目前居住在： |
| --- | --- |
| 特长： | |
| 申请什么机会 | 工作（毕业前的实习、全职、兼职；三选一）<br>地点（北京、上海、合肥；三选一）：<br>岗位（编辑、校对、营销、设计、发行、物流；六选一）：<br>待遇（收入、发展空间等）： |
| 我擅长做什么 | |
| 我是在这里获得这本书的 | 网络书店（当当网、亚马逊网、京东网、博库网等） |
| | 新华书店 |
| | 机场书店 |
| | 其他渠道： |
| 这本书给我的启发 | |
| 我想给这本书改错 | |
| 备注 | |

亲爱的年轻读者：

- 如果你买书了，可以填写本表格后，邮寄给：
  北京市东城区安定门外大街136号皇城国际A座8层　事业二部收
  邮编：100011，电话：010-64267955/64267677
- 如果你没有买书，可以给haiwaibu007@163.com发邮件索取申请表电子版，并发送填好的申请表。
  因工作繁忙、人手不足，请用电邮联系我们，谢绝来人来电咨询，请您谅解。